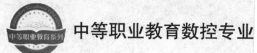

中等职业教育数控专业

数控车工 技能训练项目教程

SHUKONG CHEGONG

JINENG XUNLIAN XIANGMU JIAOCHENG

主　编／董光宗
副主编／孙万龙　曹修生　郑传春
编　委／杨　坤　孙　伟

四川大学出版社

·成都·

特约编辑：许健男
责任编辑：王　平
责任校对：朱　洁
封面设计：原谋设计工作室
责任印制：王　炜

图书在版编目（CIP）数据

数控车工技能训练项目教程／董光宗主编. —成都：
四川大学出版社，2011.7
ISBN 978－7－5614－5361－2

Ⅰ.①数…　Ⅱ.①董…　Ⅲ.①数控机床：车床－车削
－中等专业学校－教材　Ⅳ.①TG519.1

中国版本图书馆 CIP 数据核字（2011）第 137271 号

书　名	数控车工技能训练项目教程
主　编	董光宗
出　版	四川大学出版社
地　址	成都市一环路南一段 24 号 (610065)
发　行	四川大学出版社
书　号	ISBN 978－7－5614－5361－2
印　刷	成都金龙印务有限责任公司
成品尺寸	185 mm×260 mm
印　张	15
字　数	344 千字
版　次	2011 年 8 月第 1 版
印　次	2019 年 12 月第 3 次印刷
定　价	42.00 元

◆读者邮购本书，请与本社发行科联系。
　电话：(028)85408408/(028)85401670/
　(028)85408023　邮政编码：610065
◆本社图书如有印装质量问题，请
　寄回出版社调换。
◆网址：http://press.scu.edu.cn

目录

项目一 操作数控车床

- 熟悉数控车床的组成。
- 认识各类机床的型号代码。
- 能熟练使用 FANUC 系统的数控车床进行基本操作。
- 会数控车床的日常维护。

任务一 数控车间的使用管理

数控车床是目前机械制造行业中应用最广泛的设备之一，如图 1-1 所示。虽然数控车床的自动化、智能化程度不断提高，但要保证其正常、高效运行，生产合格的产品，并有较长的使用寿命，操作者就必须对其进行严格管理。

图 1-1 CK7520 型数控车床

数控车床的管理分为前期管理、使用管理、维修管理。

前期管理主要指数控车床从选型、采购、运输、安装、调试到验收的管理工作；使用管理主要指车床在加工产品的使用过程中日常维护的管理工作；维修管理主要指数控车床在出现故障，进行大、中、小修时的管理要求与管理办法。

本任务主要介绍数控车床的使用管理，现分以下三个方面进行。

一、对实训学生的要求

数控车床是自动化程度较高的制造设备，因其使用过程中的运行速度快，所以在安全上的规定比普通车床更为细致，同时对学生的要求更加严格。

（1）工作前学生必须戴好防护眼镜、穿贴身的工作服，长头发的必须戴好工作帽，任何人操作车床时不得戴手套，不得将手或持拿的物体靠近旋转的主轴。

（2）开动车床前要检查车床各部位的润滑防护装置是否符合要求，工作台上不应堆有工具、毛坯等杂物，以防止开机时发生碰撞事故。

（3）工件及刀具的装夹必须稳固、可靠，防止甩脱伤人。

（4）主轴旋转时要时刻注意工件是否有松动现象，切削时应时刻注意刀具是否因受力而产生较大的偏移，出现问题应即刻停车纠正，以防止人员和设备发生事故。

（5）操作中遇有异常声音、气味等现象应立即停车检查。

（6）进行高速或自动加工时，必须关闭车床防护门。

二、实训课的纪律

（1）学生进入车间时，严格遵守实训车间的管理规定，不得违犯。

（2）遵守数控车间的纪律，不大声吵闹，不随便动用车间的任何设备、工具等。

（3）保持好车间的卫生，不得将纸屑等杂物随意丢弃，要做到一课一清、一天一扫。

（4）在实训加工时，不准随意串岗，有问题及时与任课教师联系。

（5）做到仔细认真、学习态度端正、服从教师的安排，努力学好专业课。

三、数控车床的操作规程

（1）开机前对车床进行润滑，包括主轴部分、工作台部分等。

（2）检查 X、Z 轴行程开关、回零挡铁是否牢固，并注意车床刀架的停放位置。如果刀架未停放在参考点负方向 100 mm 以上的位置，则采用手动方式将刀架移到合适位置。否则在回参考点时很容易超程，甚至引起拉伤滚珠丝杆的事故。

（3）严格按照车床说明书中主轴功率、转速等指标，选择合理的切削加工参数进行加工。

（4）装夹工件时应尽可能地使工件与主轴同心，装夹偏心件时应注意中心高度的位置，同时注意配重的选用。每次新装一把刀时都要对齐中心高度，并保持装夹时刀杆的清洁，装夹工件、刀具应用力适中，既保证装夹的牢固可靠，又不引起因松动、振动而影响工件加工精度等状况的出现。

（5）工艺制定后对首件进行试切加工时，应先对程序进行校验检查，加工时应采用低进给速度试切削，在对容易出错的位置试切加工时，最好采用单段运行方式，以减少错误。

（6）在数控车床进行自动加工时，操作者不得离开操作岗位。

（7）在车床导轨面和工作台上禁止放扳手、夹具、工件、刀具等。

（8）操作结束后要及时清理车床上的切屑等杂物，并做好日常保养工作。

（9）车床停止使用时，应使车床的刀架处于车床的中部，以减小床身的变形，保持车床的使用精度。

（10）正常关闭各种电源、气源等，打扫车床周边环境，并按要求填写车床使用记录。

四、安全操作规程考核

姓名		班级		机床号	
内容	理论				
	文明纪律				
学习心得					
教师点评	1. 优点 2. 不足				
学习时间			指导教师		

任务二　认识数控车床

图1-2所示为一台普通数控车床，型号为CK6132A。图中标出了该数控车床的基本组成部分。为了正确使用和操作此类数控车床，必须熟悉数控车床的组成，了解数控车床的特点。

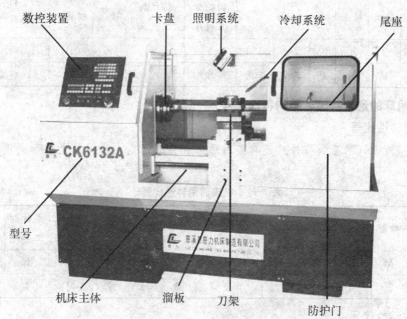

图1-2　CK6132A型数控车床

一、数控车床

数控车床又称 CNC（Computer Numerical Control）车床，即用计算机数字控制的车床。数控车床是目前国内外使用量最大、覆盖面最广的一种数控机床，约占数控机床总数的 25%。

数控车床主要用于旋转体工件的加工，一般能自动完成内外圆柱面、内外圆锥面、复杂回转内外曲面、圆柱圆锥螺纹等轮廓的切削加工，并能进行车槽、钻孔、车孔、扩孔、铰孔、攻螺纹等加工。

二、数控车床型号代码的含义

例如，CK6132A。

C：车床；

K：数控；

A：改型；

6：落地及卧式车床组；

1：卧式车床系；

32：车床上工件最大回转直径是 320 mm。

【知识链接】

（一）机床的类代号

机床的类代号见表 1-1。

表 1-1　机床的类代号

类别	车床	钻床	镗床	磨床			齿轮加工机床	螺纹加工机床	铣床	刨插床	拉床	锯床	其他机床
代号	C	Z	T	M	2M	3M	Y	S	X	B	L	G	Q
读音	车	钻	镗	磨	二磨	三磨	牙	丝	铣	刨	拉	割	其他

（二）机床的通用特性、结构特性代号

1. 通用特性代号

当某类型机床（除普通型外）还有某种通用特性时，则在类代号之后加通用特性代号予以区分。

表 1-2　机床通用特性代号

通用特性	高精度	精密	自动	半自动	数控	加工中心（自动换刀）	仿形	轻型	加重型	简式或经济型	柔性加工单元	数显	高速
代号	G	M	Z	B	K	H	F	Q	C	J	R	X	S
读音	高	密	自	半	控	换	仿	轻	重	简	柔	显	速

2. 结构特性代号

（1）对主参数值相同，而结构、性能不同的机床，在型号中增加结构特性代号予以区

分，并用汉语拼音字母表示。

（2）结构特性代号用汉语拼音字母表示，如 A、D、E、L、N、P、R、S、T、U、V、W、X、Y 等字母。当不够用时可将两个字母组合起来使用，如 AD、AE 等。在结构特性代号所用的汉语拼音字母中没有 B 和 C，因为 B 表示半自动通用特性代号，C 表示车床。

（3）当型号中有通用特性代号时，结构特性代号排在通用特性代号之后；当型号中无通用特性代号时，结构特性代号排在类代号之后。

（三）机床的组、系代号

（1）在同类机床中，主要布局和使用范围基本相同的机床即为一组。机床的组代号用一位阿拉伯数字表示，位于类代号或通用特性代号之后。

（2）在同一组机床中，其主参数相同，主要结构及布局形式相同的机床即为同一系。机床的系代号也用一位阿拉伯数字表示，位于组代号之后。

表1-3　金属切削机床类、组划分表

类别＼组别	0	1	2	3	4	5	6	7	8	9
车床 C	仪表车床	单轴自动、半自动车床	多轴自动、半自动车床	回轮、转塔车床	曲轴及凸轮轴车床	立式车床	落地及卧式车床	仿形及多刀车床	轮、轴、辊、锭及铲齿车床	其他车床
钻床 Z		坐标镗钻床	深孔钻床	摇臂钻床	台式钻床	立式钻床	卧式钻床	铣钻床	中心孔钻床	其他钻床
镗床 T			深孔镗床		坐标镗床	立式镗床	卧式铣镗床	精镗床	汽车、拖拉机修理用镗床	其他镗床
磨床 M	仪表磨床	外圆磨床	内圆磨床	砂轮机	坐标磨床	导轨磨床	刀具刃磨床	平面及端面磨床	曲轴、凸轮轴、花键轴及轧辊磨床	工具磨床
磨床 2M		超精机	内圆珩磨机	外圆及其他珩磨机	抛光机	砂带抛光及磨削机床	刀具刃磨及研磨机床	可转位刀片磨削机床	研磨机	其他磨床
磨床 3M		球轴承套圈沟磨床	滚子轴承套圈滚道磨床	轴承套圈超精机床		叶片磨削机床	滚子加工机床	钢球加工机床	气门、活塞及活塞环磨削机床	汽车、拖拉机修磨机床

续表 1—3

组别 / 类别	0	1	2	3	4	5	6	7	8	9
齿轮加工机床 Y	仪表齿轮加工机床		锥齿轮加工机床	滚齿机及铣齿机床	剃齿及珩齿机床	插齿机床	花键轴铣床	齿轮磨齿机床	其他齿轮加工机床	齿轮倒角及检查机床
螺纹加工机床 S			套丝机床	攻丝机床			螺纹铣床	螺纹磨床	螺纹车床	
铣床 X	仪表铣床	悬臂及滑枕铣床	龙门铣床	平面铣床	仿形铣床	立式升降台铣床	卧式升降台铣床	床身铣床	工具铣床	其他铣床
刨插床 B		悬臂刨床	龙门刨床			插床	牛头刨床		边缘及模具刨床	其他刨床
拉床 L			侧拉床	卧式外拉床	连续拉床	立式内拉床	卧式内拉床	立式外拉床	键槽、轴瓦及螺拉床	其他拉床
锯床 G		车刀切断机	砂轮片锯床		卧式带锯床	立式带锯床	圆锯床	弓锯床	锉锯床	
其他机床 Q	其他仪表机床	管子加工机床	木螺钉加工机床		刻线机床	切断机床	多功能机床		玻璃加工机床	

（四）机床主参数的代号

反映机床规格大小的主要数据称为第一主参数，简称主参数。不同的机床，主参数内容各不相同。机床的主参数用阿拉伯数字表示。在组系代号后面的数字，一般表示机床的主参数或主参数的 1/10 或 1/100。

表 1—4　常见机床主参数及折算系数

机床名称	主参数名称	主参数折算系数
普通车床	床身上最大工件回转直径	1/10
自动车床、六角车床	最大棒料直径或最大车削直径	1/1
立式车床	最大车削直径	1/100
立式钻床、摇臂钻床	最大钻孔直径	1/1
卧式镗床	主轴直径	1/10
牛头刨床、插床	最大刨削或插削长度	1/10
龙门刨床	工作台宽度	1/100
卧式及立式升降台铣床	工作台工作面宽度	1/10
龙门铣床	工作台工作面宽度	1/100
外圆磨床、内圆磨床	最大磨削外径或孔径	1/10
平面磨床	工作台工作面的宽度或直径	1/10
砂轮机	最大砂轮直径	1/10
齿轮加工机床	（大多数是）最大工件直径	1/10

（五）机床的重大改进顺序号

当机床结构、性能有重大改进和提高，并需按新产品重新设计、试制和鉴定时，才在机床型号之后按 A、B、C 等汉语拼音字母的顺序选用，加在型号的尾部，以区别原机床型号。重大改进设计不同于完全的新设计，它是在原有的机床基础上进行改进设计，因此，重大改进后的产品应代替原来的产品。

三、数控车床的组成

现代的数控机床一般由程序载体、输入/输出设备、计算机数控装置（CNC）、伺服系统、可编程序控制器（PLC）及电气控制装置、检测反馈系统和机床本体七部分组成。如图 1-3 所示。

1. 程序载体

程序载体用于记载以数控加工程序表示的各种加工信息，如零件加工的工艺过程、工艺参数（进给量、主轴转速等）等。现在常用的程序载体有磁带、磁盘和闪存卡等。闪存卡由于存储容量大、数据交流迅速和记录可靠，在使用开放式数控系统的机床上开始大范围使用。

2. 输入/输出设备

输入装置的作用是将程序载体上的数控代码变成相应的电脉冲信号，传入并存入计算机数控装置内。输出装置的作用是使数控系统通过显示器为操作人员提供必要的信息。因此，输入/输出装置是机床数控系统和操作人员之间进行信息交流、人机对话必须具备的交互设备。

3. 计算机数控装置

计算机数控装置是数控机床的核心，接受输入装置送到的数字化信息，经过数控装置的控制软件和逻辑电路进行译码、运算和逻辑处理后，将各种指令信息输出给伺服系统，向伺服系统发出相应的脉冲信号，并通过伺服系统控制机床运行部件按加工程序指令运动。

4. 伺服系统

伺服系统包括伺服单元、伺服驱动装置等，是数控系统的执行部分。其作用是把来自数控装置的脉冲信号转换成机床移动部件的运行。

5. 可编程控制器及电气控制装置

可编程控制器与计算机数控装置协调配合来共同完成数控机床的控制，其中计算机数控装置主要完成与数字运算和管理等有关的功能，如零件程序的编辑、插补运算、译码、位置伺服控制等。

电气控制装置主要安装在电气控制柜中，控制柜主要用来安装机床强电控制的各种电气元器件。

6. 检测反馈系统

检测反馈装置的作用是对机床的实际运行速度、方向、位移量以及加工状态加以检测，把检测结果转化为电信号反馈给数控装置，通过比较，计算出实际位置与指令位置之间的偏差，并发出纠正误差指令。

7. 机床本体等部分

机床本体是加工运行的实际机械部件，主要包括主运行部件、进给运行部件（如工作台、刀架）和支承部件（如床身、立柱等），还有冷却、润滑、转位（如夹紧、换刀机械手）等辅助装置。

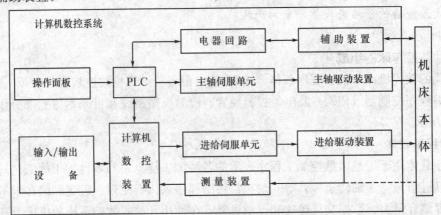

图1-3　数控机床的组成框图

任务三　数控车床的基本操作

一、FANUC 系统控制面板

FANUC 0I 系统控制面板主要由 CRT/LCD 单元、MDI 键盘和功能软键组成，如图1-4所示。

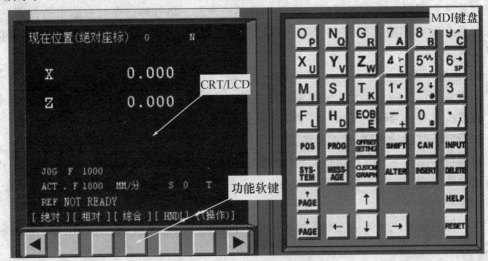

图1-4　FANUC 0I 系统控制面板

如图1-5所示为 FANUC 0I 车床数控系统的 MDI 键盘布局图。各键的名称和功能见表1-5。

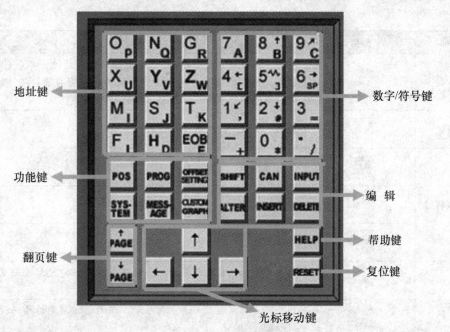

图1-5 MDI键盘布局图

表1-5 编辑键盘上各键及作用

名称	图标	作用
复位键	RESET	可使CNC复位,用以清除报警等
帮助键	HELP	用来显示如何操作机床,如MDI键的操作,可在CNC发生报警时提供报警的详细信息(帮助功能)
功能键	PROG	为数控程序显示与编辑页面键。在编辑方式下,用于编辑,显示存储器内的程序;在手动数据输入方式下,用于输入和显示数据;在自动方式下,用于显示程序指令
	POS	为坐标位置显示页面键。位置显示有绝对、相对和综合三种页面,用[PACE]键选择
	OFFSET SETTING	为参数输入页面键。按第一次进入坐标系设置页面,按第二次进入刀具补偿参数页面。进入不同的页面以后,用[PACE]键切换
	CUSTOM GRAPH	为图形参数设置页面键,用来显示图形画面
	MESS-AGE	为信息页面键,用来显示提示信息
	SYSTEM	为系统参数页面键,用来显示系统参数
地址/数字键		按这些键可输入字母、数字以及其他字符
换档键	SHIFT	在有些键的顶部有两个字符,按[SHIFT]键来选择字符。当一个特殊字符在屏幕上显示时,表示键面右下角的字符可以输入

名称	图标	作用
输入键	INPUT	当按了地址键或数字键后，数据被输入到缓冲器，并在CRT显示出来。为了把输入到缓冲器中的数据拷回寄存器，按［INPUT］键。该键的作用与［INPUT］软键相同
取消键	CAN	删除已输入到缓冲器里的最后一个字符或符号
程序编辑键	ALTER	字符替换键
	INSERT	字符插入键
	DELETE	字符删除键
光标移动键	→	用于将光标朝右或前进方向移动。在前进方向光标按一段短的单位移动
	←	用于将光标朝左或倒退方向移动。在倒退方向光标按一段短的单位移动
	↓	用于将光标朝下或前进方向移动。在前进方向光标按一段大尺寸单位移动
	↑	用于将光标朝上或倒退方向移动。在倒退方向光标按一段大尺寸单位移动
翻页键	↑ PAGE	用于在屏幕上朝前翻一页
	↓ PAGE	用于在屏幕上朝后翻一页
回车换行键	EOB E	结束一行程序的输入并且换行

二、数控车床操作面板

如图1—6所示为FANUC 0I车床数控系统车床操作面板。

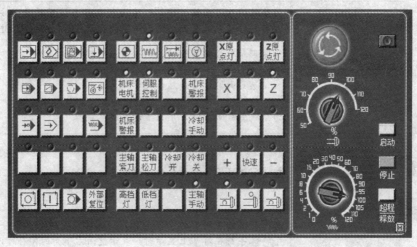

图1—6　车床操作面板

表 1-6 机床操作面板上各功能键的名称及作用

名 称	按 钮	功能说明
主轴减速		控制主轴减速
主轴加速		控制主轴加速
主轴停止		主轴停住
主轴手动允许		按下该按钮可实现手动控制主轴
主轴正转		按下该按钮主轴正转
主轴反转		按下该按钮主轴反转
超程解除		系统超程解除
手动换刀		按下该按钮将手动换刀
回参考点 X		在回原点模式下，按下该按钮，X 轴将回零
回参考点 Z		在回原点模式下，该下该按钮，Z 轴将回零
X 轴负方向移动按钮		按下该按钮将使刀架向 X 轴负方向移动
X 轴正方向移动按钮		按下该按钮将使刀架向 X 轴正方向移动
Z 轴负方向移动按钮		按下该按钮将使刀架向 Z 轴负方向移动
Z 轴正方向移动按钮		按下该按钮将使刀架向 Z 轴正方向移动
回参考模式按键		按下该按钮将使系统进入回参考点模式
手轮 X 轴选择按键		在手轮模式下选择 X 轴
手轮 Z 轴选择按钮		在手轮模式下选择 Z 轴
快速		在手动连续情况下使刀架移动处于快速方式下
自动模式		按下该按钮使系统处于运行模式
JOG 模式		按下该按钮使系统处于手动模式，手动连续移动机床

续表 1—6

名　称	按　钮	功能说明
编辑模式		按下该钮使系统处于编辑模式，用于直接通过操作面板输入数控程序和编辑程序
MDI 模式		按下该按钮使系统处于 MDI 模式，手动输入并执行命令
手轮模式		按下该按钮使刀架处于手轮控制状态
循环保持		按下该按钮使系统进入保持状态
循环启动		按下该按钮使系统进入循环启动状态
机床锁定		按下该按钮将锁定机床
空运行		按下该按钮将使机床处于空运行状态
跳段		按下该按钮后，数控程序中的注释符号"/"有效
单段		按下该按钮后，运行程序时每次执行一条数控指令
进给倍率选择旋钮		用来调节进给倍率
手轮进给倍率		调节手轮操作时的进给速度倍率
急停按钮		按下该按钮使机床移动立即停止，并且所有的输出如主轴的转动等都会关闭
手摇脉冲发生器		在手轮模式下，旋转手摇脉冲发生器，刀架沿指定的坐标轴移动，移动距离与手轮进给倍率有关
电源开		电源开启按钮
电源关		电源关闭按钮

三、开、关机及返回参考点操作

正确的数控车床开、关机步骤对数控系统的安全提供良好的保护，熟悉与记住数控车床的开、关机顺序是操作者必须掌握的基本技能。

1. 开启数控车床

（1）检查车床。数控车床开启使用之前，操作者一般沿车床巡视一圈，并重点观察、检查车床的导轨润滑状况、清洁状况、车床外观上有无异常情况、防护门等安全装置状况是否正常等。

（2）开启车床的电源开关。车床的电源开关一般在左侧柜上。开启时，将电源开关拨至或旋至"ON"位置即可。

（3）按下控制面板上电源开启按钮。

（4）数控系统自检后，进入开机界面或待机状态。

（5）旋开急停开关。

2．机床的关停

（1）按下急停按钮。

（2）按下控制面板电源关闭按钮。

（3）关掉机床电源总开关。

3．返回参考点

大部分数控系统在开机后，必须先返回车床参考点，以建立车床坐标系。FANUC数控系统开机回一次参考点后，如无特殊原因，可不必每次都回参考点。回参考点的一般操作如下：

（1）开机后，按一下控制面板上的［回参考点］开关，指示灯亮，确保系统处于回参考点模式。

（2）根据车床规定的返回 X 轴参考点方向按一下或按住［+X］或［-X］键，当 X 轴回到参考点后，［+X］或［-X］按键内的指示灯亮。

（3）用同样的方式操作可以使 Z 轴回参考点。

所有的轴回参考点后就建立了车床坐标系。

【注意】

在回参考点过程中，不要发生超程现象和磕碰卡盘与尾座的现象。

四、手动操作

1．工件的安装

工件安装的好坏，直接影响加工过程中的操作。一般可按下列步骤进行。

（1）卡盘的装卸（以三爪卡盘为例）：将卡盘的三个爪，按顺序号（每个卡爪上都有号码）依次排好。顺时针旋转卡盘，将卡盘内的螺纹道开口露出，此时放入第一号卡爪。继续旋转卡盘，使螺纹道开口出现在另一个卡爪安装处，放入第二号卡爪。依次类推，放入第三号卡爪。顺时针旋转卡盘，调试三个卡爪能否夹紧在一起。如不能，应重新安装。

（2）工件的安装：旋开卡爪，将工件放入卡盘，同时伸出卡盘的长度要符合零件尺寸要求。慢慢旋紧卡盘，在一个临界状态时（夹紧与未夹紧之间的状态），右手轻轻的匀速旋转工件（至少要旋转一周），找到一个合适的位置，同时左手慢慢旋紧卡盘。

（3）调试：操作面板上，在手动方式下，使卡盘正转，目测工件旋转时是否打晃。如果有问题，应重新进行工件的安装。

2．车刀的安装与调试

数控车床常采用的是四刀位刀架（如图 1-7 所示），因此最多可以同时安装四把刀。

本项目需要 90°外圆偏刀一把。如何进行安装，是决定工件成品是否符合精度要求的一个因素。

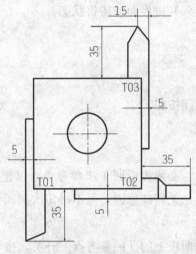

图 1-7   四刀位刀架

（1）车刀高度。车刀高度直接决定加工出来的产品是否存在缺陷。其主要存在两个方面问题，即车刀过高或车刀过低，这里的高低指的是与卡盘回转中心的高低。

解决方法如下：

将车刀正确放置在刀架上，用钢直尺测量刀尖到导轨的距离 h，同时与尾座顶尖到导轨的距离对比 H。

① $h>H$，即车刀安装过高。可在刀柄的尾部加垫片，使刀尖向下倾斜。

② $h<H$，即车刀安装过低。这是一个常见的问题，可用垫片垫在刀柄的下方，使车刀整体升高。

（2）车刀角度。这里的车刀角度主要指车刀的主偏角，主偏角应大于 90°。数控车床用的大多是机夹刀，主偏角已成标准，所以装刀时只要注意将刀柄的一侧紧贴刀架即可。

3. 手动车削工件练习

数控车床手动控制操作主要指对车床进给轴（X、Z 轴）的移动控制、车床主轴的转动控制、车床自动换刀与辅助控制等在车床"手动"状态下进行的相关操作。手动控制操作是数控车床使用的基本控制操作。操作者需要掌握的有：准确把握进给轴方向、调整控制移动速度、精确移动各进给轴、准确把握主轴运动控制、熟悉与巩固记忆各键的功能作用。

现以 FANUC 数控系统手动操作为例介绍如下：

（1）手动操作方式的主界面。通过按下"工作方式选择"中的［手动］键（键上角指示灯亮），系统就进入手动操作方式的主界面，在加工方式中显示的是"手动 JOG"（如图 1-8 所示）。

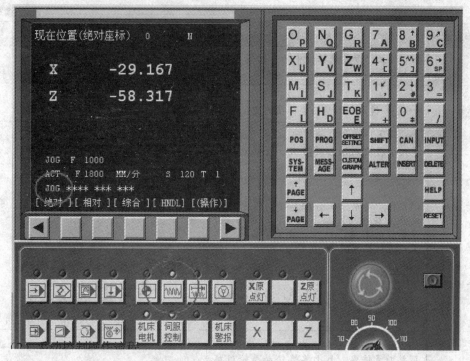

图 1-8 手动 JOG

（2）手动控制操作流程（作流程见表1-7）：

表 1-7 手动控制操作流程

	操作流程	方法、步骤	说明
1	开机	详见本项目中的开、关机	
2	进入手动状态	按［手动］键，进入手动状态界面	手动键左上角的指示灯亮，加工方式中显示"JOG"状态，表示进入"手动"工作方式
3	手动连续移动	（1）持续按［-Z］（［+Z］、［-X］、［+X］）键，观察刀架移动状况和显示器上坐标变化情况	移动中，主要不要过于接近极限位置，防止超程，更要注意不要碰撞卡盘与尾座
		（2）调整"进给倍率"再次移动刀架，观察移动速度的变化	进给倍率 — 100% + 进给倍率最大值为 150%
		（3）按住［快进］键，同时按轴移动键移动刀架，观察移动速度的变化	+X +C -Z 快进 +Z -C -X
		（4）调整"快速倍率"再次移动刀架，观察移动速度的变化	快速倍率 — 100% + 快速倍率最大值为 100%

操作流程		方法、步骤	说明
4	增量移动	(1) 按工作方式选择键中的 [增量] 键，进入增量工作方式	系统工作方式显示栏显示 [增量]
		(2) 点击 [−Z]（[+Z]、[−X]、[+X]）键，观察显示坐标值的变化	
		(3) 改变"增量倍率"选择键，调整增量大小再次点动移动刀架，观察坐标值变化与增量值的关系	×1 ×10 ×100 ×1000
5	手轮移动	(1) 在"增量"工作状态下，将手轮控制开关旋至"X 轴"位置，转动手轮，观察轴的移动。然后，旋至"Z 轴"位置，进行控制操作	OFF X Z 注意观察旋转方向与轴移动方向的关系
		(2) 改变"增量倍率"值，再次以相同速度转动手轮，观察轴移动速度的变化	×1 ×10 ×100 ×1000 此时，增量倍率仅×1、×10、×100 有效
		(3) 单格转动手轮，观察坐标值变化，调整增量倍率，再次单格转动手轮观察坐标值变化与增量倍率的关系	
6	MDI 方式移动	(1) 一般在"手动"方式下，移动刀架。按命令主菜单中功能键 [F3]，进入 MDI 子菜单，并进入 MDI 运行界面。命令行中有光标闪烁，在 MDI 命令行中输入需要进行的操作，如 M03S500。输入指令后，按 [回车] 键	
		(2) 在"自动"方式下，按 [循环启动] 键，系统控制的卡盘就会以 500 r/min 的速度逆时针旋转起来	
7	综合训练	(1) 两人一组，一人发出口头移动命令，一人执行操作。口头命令应包含：X 轴正向、负向移动，Z 轴正向、负向移动，X、Z 轴快速移动，增快、减慢移动速度，增快、减慢快速移动速度，手轮控制 X、Z 轴正向、负向移动，手轮步长调整	要求： 在 1min 内，准确完成任一顺序的 15～20 条口头命令
		(2) 利用"增量"方式移动各轴，控制刀架准确移动至某一坐标值	
		(3) 利用手轮控制刀架移动至某一坐标值	
		(4) 采用 MDI 方式，控制刀架移动至某一坐标值	

操作流程		方法、步骤	说明
8	辅助功能	(1) 在手动状态下，启动主轴进行正反转与停止、点动等主轴控制练习，调整"主轴倍率"观察主轴转速的变化，观察显示界面关于主轴状况栏目的变化	
		(2) 进行换刀练习。按［刀位选择］键选择刀位，再按［刀位转换］键转换刀位，同时观察界面中刀具状况栏目变化，仔细观察刀架换刀过程	观察刀具状态栏变化与刀具状况
		(3) 用 MDI 方式换刀。进入"MDI"运行界面，在 MDI 命令栏中输入指令命令，如 T0101，按［回车］键，然后进入"自动"方式运行 MDI 指令，刀架自动换刀	
		(4) 冷却液开、关。使用冷却液开关键，开、关冷却液，观察冷却液的变化	
9	尺寸测量练习	(1) 主轴旋转	
		(2) 参照"3~5"步骤，进行试切工件，并使用千分尺和游标尺进行尺寸测量	要求： 每组同学分别进行测量，将尺寸读数记录，最终老师给出一个正确读数
		(3) 此项要反复练习，直到每个学生都能正确测量尺寸为止。同时要注意千分尺和游标尺在实际测量中的使用方法	

4. 机床操作考核

班级		姓名			机床号	
序号	考核项目	考核内容		配分	评分标准	得分
1.	开机	按步骤开机		10	不正确无分	
2.	回参考点	按步骤回参考点 先回 X 轴，当 X 轴键灯亮后，再回 Z 轴		10	不正确无分	
3.	关机	按步骤顺序关机		10	不正确无分	
4.	MDI 方式	正确在 MDI 方式里输入转速，并且使主轴旋转起来		20	不正确无分	
5.	手动移动	(1) 正确移动 X 轴、Z 轴的方向 (2) 按下"快进"键后移动 X 轴、Z 轴 (3) 调整倍率移动 X 轴、Z 轴		20	不正确无分	

6.	程序手动输入	(1) 正确建立一个以 O0001 为程序名的程序 (2) 输完程序后，保存程序	20	不正确无分
7.	文明操作	文明生产（不乱放扳手、工件、量具等）	10	不正确无分
	总分		100	得分

任务四　程序编辑练习

一、坐标系

1. 建立坐标系的基本原则

（1）永远假定工件静止，刀具相对于静止的工件移动。

（2）坐标系采用右手直角笛卡尔坐标系。

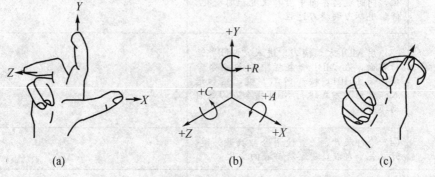

　　　　　　(a)　　　　　　　　　　　(b)　　　　　　　　　　　(c)

右手直角笛卡尔坐标系

（3）规定 Z 坐标轴的运动由传递切削动力的主轴决定，与主轴轴线平行的坐标轴即为 Z 轴，X 轴为水平方向，平行于工件装夹面并与 Z 轴垂直。

（4）规定以刀具远离工件的方向为坐标轴的正方向。

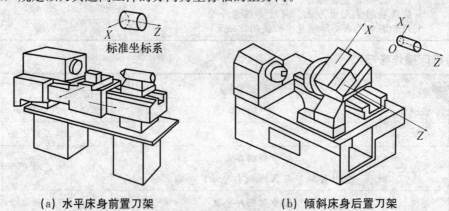

(a) 水平床身前置刀架　　　　　　(b) 倾斜床身后置刀架

数控车床的坐标系

2. 机床坐标系

机床坐标系是以机床原点为坐标系原点建立起来的 ZOX 轴直角坐标系。

（1）机床原点。机床原点是机床上的一个固定点，其位置是由机床设计和制造单位确定的，通常不允许用户改变。数控车床的机床原点一般为主轴回转中心与卡盘后端面的交点。

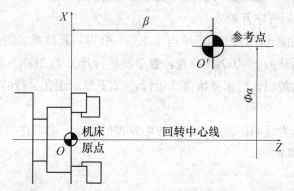

(2) 机床参考点。机床参考点也是机床上的一个固定点,它是用机械挡块或电气装置来限制刀架移动的极限位置,其作用主要是用来给机床坐标系一个定位。数控车床在开机后首先要进行回参考点(或称回零点)操作。机床在通电之后、返回参考点之前,不论刀架处于什么位置,此时 CRT 上显示的 Z 与 X 的坐标值均为 0。只有完成了返回参考点操作后,刀架运行到机床参考点,此时 CRT 上显示出刀架基准点在机床坐标系中的坐标值,即建立了机床坐标系。

3. 工件坐标系

编程人员在编写零件加工程序时通常要选择一个工件坐标系,也称编程坐标系,程序中的坐标值均以工件坐标系为依据。

工件坐标系的原点可由编程人员根据具体情况确定,一般设在图样的设计基准或工艺基准处。根据数控车床的特点,工件坐标系原点通常设在工件左、右端面的中心或卡盘前端面的中心。

二、程序编辑练习

程序编辑是数控机床操作中经常用到的以加工程序为对象的有关操作,主要操作内容包括程序的输入、检查、修改、删除、插入等编辑方式。

1. 程序的输入

使用 MDI 键盘输入程序的操作方法如下:

(1) 将操作方式设置为编辑(EDIT)方式。

(2) 按下功能键 [PROG],翻页找出 PROGRAM 画面。

(3) 在 MDI 键盘上依次输入程序的内容。

(4) 每输入一个程序段后,按 [EOB] 键表示结束,然后按 [INSERT] 键输入程序段。

2. 程序的检查

程序检查的常用方法是对工件图形进行模拟加工。在模拟加工中,逐段地执行程序,以便进行程序的检查。其操作过程如下:

(1) 手动返回机床参考点。

(2) 在不装工件的情况下,使卡盘夹紧。

（3）按下［PROG］键，输入被检查程序的程序号，CRT 显示存储器里的程序，按［RESET］使光标移到程序开始处。

（4）按图形功能键［GRAPH］，单击"图形"软键，系统显示图形界面。

（5）置机床锁紧开关于"ON"位置，置单段运行开关于"ON"位置。

（6）按循环启动按钮，机床开始自动运行，CRT 显示正在运行的程序轨迹。

3．程序的修改

对于程序输入后发现的错误或程序检查中发现的错误，必须进行修改，即对某些字要进行修改、插入或删除。

（1）检索程序：

① 将方式开关选定为编辑（EDIT）方式。

② 按［PROG］键，CRT 显示 PROGRAM 画面。

③ 输入要检索的程序号（如 O0001）。

④ 按［↓］键，即可调出所要检索的程序；若找不到要检索的程序，则 CRT 显示第 71 号报警。

（2）检索程序段：

① 按复位键［RESERT］，光标回到程序号所在位置（如 O0001）。

② 输入要检索的程序段号（如 N10）。

③ 按［↓］键，光标即移至所要检索的程序段号 N10 所在位置；若找不到要检索的顺序号，则 CRT 显示第 60 号报警。

（3）检索程序中的字：

① 输入要检索的字（如 Z0.5）。

② 以光标当前的位置为准，向前面程序检索，按［↑］键；向后面程序检索，按［↓］键。此时，光标即可移至所检索的字第一次出现的位置。若找不到要检索的字或地址，则 CRT 显示第 71 号报警。

（4）字的修改。若需要将 S2000 改为 S1500，则进行如下具体步骤：

① 将光标移至 S2000 位置；

② 输入要改变的字 S1500；

③ 按［ALTER］键将 S1500 替换 S2000。

（5）插入字。若需要在程序段"G01X40.0F0.15;"中插入 Z1.0，改为"G01X40.0Z1.0F0.15;"，则进行如下具体步骤：

① 将光标移至要插入字的前一个字的位置（X40.0）处；

② 输入 Z1.0，按［INSRT］键，插入完成，程序段变为"G01X40.0 Z1.0 F0.15;"。

（6）字的删除。若需删除程序段"N40G01X40.0F0.15;"中的 F0.15，则进行如下具体步骤：

① 将光标移至要删除的字 F0.15 位置；

② 按［DELETE］键，F0.15 被删除，光标自动移至 X40.0 位置。

（7）删除程序段。若需要删除"N40G01X40.0F0.15;"程序段，则进行如下具体步骤：

①　将光标移至要删除的程序段 N40 处；

②　按［DELETE］键，程序段"N40G01X40.0F0.15；"即被删除。

（8）删除程序：

①　方式开关选定为编辑方式。

②　按［PROG］键，CRT 显示 PROGRAM 画面。

③　输入要删除的程序号。

④　按［DELETE］键，键入程序号的程序被删除。

（9）删除全部程序：

①　选择 EDIT 方式。

②　按［PROG］键，显示程序画面。

③　输入地址 O，输入"−9999"。

④　按［DELETE］键，删除全部程序。

三、程序操作练习

根据所学知识识读下列程序，并将其输入到数控系统中。

O1004；

N10G97G99M03S500T0202；

N20G00X25.0Z2.0；

N30G01W−23.0F0.2；

N40G03X60.0Z−48.27R30.0；

N50G01Z−70.0；

N60G00X100.0Z30.0；

N70M05；

N80M30；

任务五　数控车床的日常维护

数控车床的日常维护工作做得好，可以把许多故障隐患消灭在萌芽状态。对车床进行日常维护保养的宗旨是延长车床的使用寿命，延长机械部件的磨损周期，防止意外事故的发生，以争取更长的车床稳定工作时间。数控车床的日常维护工作在车床使用说明书上有具体规定。

数控车床的日常维护规定主要包括清洁、润滑、稳固性检查、安全性检查等工作，一般可分为如下三个任务去做。

一、数控车床开启前的检查

（1）检查车床外观的主要结构是否异常。

（2）检查导轨面有无划伤损坏现象。

（3）检查主轴卡盘、丝杆等有无松动迹象。

（4）检查地线、零线连接是否松动。

（5）检查各种防护装置（如防护罩、极限行程开关等）是否松动、破裂。

（6）检查通风散热装置是否正常。

二、数控车床使用中的检查

（1）车床使用中，应按规定及时对导轨进行润滑。

（2）注意车床主轴、刀架在运行中是否有异常，是否与卡盘，尾座磕碰。

（3）及时对车床导轨上的切屑、赃物进行清理，严防导轨划伤及磕碰伤害。

三、数控车床结束后的检查

（1）清理车床上的切屑，对导轨进行充分润滑。

（2）不定期检查传动带的松紧，并及时调整。

（3）不定期检查、清洗冷却系统，并过滤或更换冷却液。

项目小结 本项目从认识数控车床到简单操作数控车床，由浅入深。通过认识数控车床的界面、按钮的含义，并且通过一系列的练习，学会了数控车床的基本操作。其中，手动操作这个环节是本项目的一个重点，应加大练习量。

项目练习

一、填空题

1. _____为字符替换键，_____为字符插入键，_____为字符删除键。

2. 按_____键可删除已输入到缓冲器里的最后一个字符或符号。

3. _____键为回车换行键，用来结束一行程序的输入并且换行。

4. 对于使用增量式反馈元件的数控车床，在断电后，数控系统就失去对参考点的记忆。因此，数控系统通电后，就必须执行_____操作。

5. 返回参考点时，为了保证数控车床及刀具的安全，一般要先回_____轴再回_____轴。

6. _____方式用来在系统键盘上输入一段程序，然后按下循环启动键来执行该段程序。

7. 数控编程可分为_____编程和_____编程两大类。

8. 现代数控车床都是按照事先编制好的_____自动地对工件进行加工。

9. 数控车床坐标系采用_____坐标系。

10. 数控车床的 Z 轴为_____。

11. 数控车床坐标系是以机床原点为坐标系原点建立起来的_____坐标系。

12. 数控车床的机床原点一般为_____的交点。

13. _____也是机床上的一个固定点，它是用机械挡块或电气装置来限制刀架移动的极限位置。

14. _____坐标系的原点可由编程人员根据具体情况确定，一般设在图样的设计基准或工艺基准处。

15. 一个完整的程序，一般是由_____、程序内容和程序结束三部分组成。

16. 目前最常用的程序段格式是_____格式。

二、判断题

17. 数控程序编制功能常用的插入键是［INSERT］键。   （   ）

18. 数控系统操作面板上的复位键的功能是解除报警和数控系统复位。   （   ）

19. CNC 装置的显示主要是为操作者提供方便，通常有零件程序的显示、参数显示、刀具位置显示、机床状态显示、报警显示等。   （   ）

20. 配置增量编码器的数控机床的参考点是数控机床上固有的机械点，在进给坐标轴方向上该点到机床坐标原点的距离在机床出厂时就已设定。   （   ）

21. 编数控程序时一般以机床坐标系作为编程依据。   （   ）

22. 数控机床中，坐标轴是按照右手笛卡儿直角坐标系定义的。   （   ）

23. 未曾在机床运行过的新程序在调入后最好先进行校验运行，正确无误后再启动自动运行。   （   ）

24. 在循环加工时，当执行到 M00 指令的程序段后，如果要继续执行下面的程序，必须按进给保持按钮。   （   ）

25. 辅助功能 M00 指令为无条件程序暂停，执行该程序指令后，所有的运转部件停止运行，且所有模态信息全部丢失。   （   ）

26. "M08" 指令表示冷却液打开。   （   ）

27. 准备功能又称 M 功能。   （   ）

28. 辅助功能又称 G 功能。   （   ）

29. 数控系统中，坐标系的正方向是使工件尺寸减小的方向。   （   ）

30. 直接根据机床坐标系编制的加工程序不能在机床上运行，所以必须根据工件坐标系编程。   （   ）

三、选择题

31. 若删除一个字符，则需要按_____键。
    A. RESET   B. HELP   C. INPUT   D. CAN

32. 在 CRT/MDI 面板的功能键中，用于报警显示的键是_____。
    A. INSRT   B. ALARM   C. PARAM   D. POS

33. 数控程序编制功能常用的删除键是_____。
    A. INSRT   B. ALTER   C. DELETE   D. POS

34. 在 CRT/MDI 操作面板上页面变换键是_____。
    A. PAGA　　　　B. CURSOR　　　　C. EOB　　　　D. POS

35. 数控机床_____时模式选择开关应放在 MDI。
    A. 自动状态　　　B. 手动数据输入　　C. 回零　　　　D. 手动进给

36. 在 CRT/MDI 面板的功能键中，显示机床现在位置的键是_____。
    A. PAGA　　　　B. CURSOR　　　　C. EDIT　　　　D. POS

37. 在 CRT/MDI 面板的功能键中，用于刀具偏置参数设置的键是_____。
    A. POS　　　　　B. OFFSET　　　　C. PRGRM　　　　D. ALARM

38. 准备功能 G02 代码的功能是_____。
    A. 快速点定位　　　　　　　　　　　B. 逆时针方向圆弧插补
    C. 顺时针方向圆弧插补　　　　　　　D. 直线插补

39. 进给功能用于指定_____。
    A. 进刀深度　　　B. 进给速度　　　C. 进给转速　　　D. 进给方向

40. 程序中的主轴功能，也称为_____。
    A. G 指令　　　　B. M 指令　　　　C. T 指令　　　　D. S 指令

41. 数控机床的 Z 轴方向_____。
    A. 平行于工件装夹方向　　　　　　　B. 垂直与工件装夹方向
    C. 与主轴回转中心平行　　　　　　　D. 不确定

42. _____由编程者确定，编程时可根据编程方便原则确定在工件的任何位置。
    A. 工件零点　　　B. 刀具零点　　　C. 机床零点　　　D. 对刀零点

43. 绝对值编程与增量值编程混合起来编程的方法称_____编程。
    A. 绝对　　　　　B. 混合　　　　　C. 增量　　　　　D. 平行

44. 数控加工程序单是编程人员根据对工艺情况的分析，经过数值计算，按照机床特点的
    _____编写的。
    A. 汇编语言　　　B. BASIC 语言　　C. 指令代码　　　D. AutoCAD 语言

45. 主轴停止是用_____辅助功能表示。
    A. M02　　　　　B. M05　　　　　C. M06　　　　　D. M30

46. S1500 表示主轴转速为 1500 _____。
    A. m/s　　　　　B. mm/s　　　　　C. r/min　　　　　D. mm/s

47. 在程序的最后必须表明程序结束代码_____。
    A. M06　　　　　B. M20　　　　　C. M02　　　　　D. G02

48. 在确定数控机床坐标系时，首先要确定的是_____。
    A. X 轴　　　　　B. Y 轴　　　　　C. Z 轴　　　　　D. 回转运动的轴

49. 在数控机床中，A、B、C 轴与 X、Y、Z 坐标轴的关系是_____。
    A. 分别绕 X、Y、Z 轴转动　　　　　B. 分别于 X、Y、Z 轴平行
    C. 分别于 X、Y、Z 轴垂直　　　　　D. 不能确定

项目二　加工阶梯轴

阶梯轴的车削方法分为低台阶车削和高台阶车削两种方法。

相邻两圆柱体直径差较小，是低台阶，可以用车刀一次切出。相邻两圆柱体直径差较大，是高台阶，采用分层切削。对于加工余量较大的毛坯，刀具反复执行相同的动作，需要编写很多相同或相似的程序段。图 2-1 是简单阶梯轴的一个实例，要求手工编程、仿真，并到车间进行实训加工。

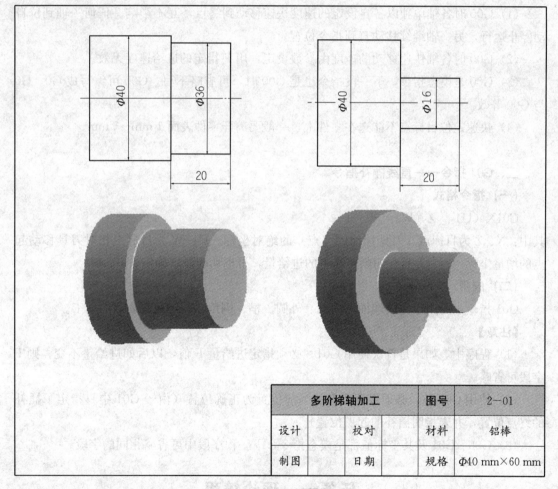

多阶梯轴加工		图号	2-01
设计	校对	材料	铝棒
制图	日期	规格	Φ40 mm×60 mm

图 2-1　低台阶与高台阶轴

- 学会低台阶与高台阶等阶梯轴的编程方式。
- 会使用仿真软件进行模拟练习。
- 能熟练操作 FANUC 系统的数控车床进行实训加工。

基础知识

一、G00 指令——刀具快速定位（点定位）指令

（一）指令格式

G00X（U）_ Z（W）_ ；

其中：X、Z 为目标点（刀具移动的终点）的绝对坐标。U、W 为目标点相对刀具移动起点的增量坐标。

（二）应用

G00 指令主要用于使刀具快速接近或快速离开零件。

【注意】

（1）G00 时各轴单独以各自设定的速度快速移动到终点，互不影响。任何一轴到位自动停止运行，另一轴继续移动直到指令位置。

（2）G00 时各轴快速移动的速度由参数设定，用 F 指定的进给速度无效。

（3）G00 是模态指令，下一段指令也是 G00 时，可省略不写。G00 可编写成 G0。G0 与 G00 等效。

（4）快速定位目标点不能选在零件上，一般要离开零件表面 1 mm～5 mm。

二、G01 指令——直线插补指令

（一）指令格式

G01X（U）_ Z（W）_ F_ ；

其中：X、Z 为目标点（刀具移动的终点）的绝对坐标。U、W 为目标点相对刀具移动起点的增量坐标。F 为刀具在切削路径上的进给量，根据切削要求确定。

（二）应用

G01 指令主要用于完成端面、内圆、外圆、槽、倒角、圆锥面等表面的加工。

【注意】

（1）程序中，如果是首次使用 G01，必须指定进给量 F 值，以后如进给量不变，则 F 字段可省略。

（2）使用 G01 前，必须保证刀具的当前位置为正确位置（由于 G01 中只指定了插补的终点位置，并未指明插补的起点位置）。

（3）G00、G01 及其坐标值都是模态指令，下一程序段中可省略相同的字段。

任务一　理论编程

该项目需要编程加工的零件是一个低台阶和一个高台阶两个阶梯轴，但是在加工过程中，高台阶零件的加工可以看做是由多个低台阶累加而成。因此，该项目可以视为只编程加工一个高台阶零件。

【步骤解析】

一、制定加工工艺

该项目为高低台阶的简单阶梯轴加工，只有一个外圆柱面组成，无尺寸精度要求，无粗糙度要求。零件材料为铝棒，切削加工性能好，毛坯尺寸为 $\Phi40$ mm×60 mm。其加工步骤如下：

（1）用三爪自定心卡盘夹住毛坯 $\Phi40$ mm 外圆，外伸 30 mm，找正。

（2）对刀。以工件的右端面与主轴回转中心线的交点为原点建立工件坐标系。

（3）车 $\Phi36$ mm 的外圆至尺寸要求，完成低台阶零件的加工。

（4）车 $\Phi16$ mm 的外圆至尺寸要求，完成高台阶零件的加工。

二、尺寸计算

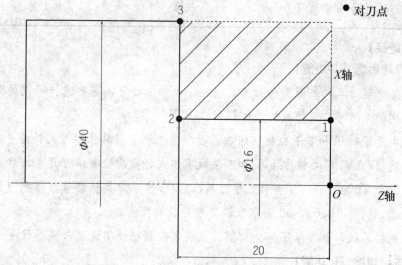

（1）在图中，以右端面与主轴回转中心线的交点 O 为原点建立工件坐标系。

（2）标注各节点并计算（见下表）。

节点	O	1	2	3	对刀点
X	0	16.0	16.0	40.0	42.0
Z	0	0	−20.0	−20.0	2.0

【知识链接】

（一）对刀点

对刀点是指在数控车床上加工零件时，刀具相对于零件运动的起点。对刀点 X 向一般比毛坯直径大 2 mm 左右，Z 向一般在距离零件 2 mm 处。例如，该零件项目对刀点为 X42.0 Z2.0。

（二）直径编程与半径编程

因为车削零件的横截面一般为圆形，所以 X 轴尺寸有直径指定和半径指定两种方法。

用直径指定时称为直径编程，用半径指定时称为半径编程。具体是用直径指定还是半径指定，可以用参数设置。

在不特别说明的情况下，X 轴编程使用直径编程。

三、刀具选择

刀具卡									
课程名称				项目名称				图号	
序号	刀具号	刀偏号	刀具名称	数量	刀尖半径	刀尖方位	主轴转速 (n)	进给量 (f)	背吃刀量 (a_p)
1	T01	01	90°外圆偏刀	1			500 r/min	0.2 mm/r	2.0 mm
编制		审核			批准			共1页	第1页

【知识链接】

(一) 刀具功能 (T 功能)

车削加工中要对各种表面进行加工，有粗、细加工之分，需要选择不同的刀具。每把刀具都有特定的刀具号，以便数控系统识别。

T 功能由地址码 T 和若干位数字组成，数字用来表示刀具号和刀具补偿号，数字的位数由系统决定。FANUC 系统中由 T 和四位数字组成，前两位表示刀具号，后两位表示刀具补偿号。例如 T0202，前 02 表示 2 号刀具，后 02 表示刀具补偿号。每把刀具结束加工时要取消补偿，例如 T0200，00 表示取消 2 号刀具的补偿。

不同的数控系统，其指令不完全相同，使用者应根据使用说明书编写程序。

(二) 进给功能 (F 功能)

F 功能便是刀具中心运动时的进给量，由地址码 F 和后面若干位数字构成。通常有两种形式：一种是刀具每分钟的进给量，单位是 mm/min；另一种是主轴每转的刀具进给量，单位是 mm/r。在编程中，一个程序段只可使用一个 F 代码，不同程序段可根据需要改变进给量。本书实例均采用主轴每转的刀具进给量。

(三) 主轴转速功能 (S 功能)

利用地址 S 后续数值的指令，可控制主轴的回转速度。如 $n=500$ r/min，其指令表示为 S500，一个程序段只可以使用一个 S 代码，不同程序段可根据需要改变主轴转速。

(四) 背吃刀量

零件上已加工表面与待加工表面之间的垂直距离称为背吃刀量。

背吃刀量主要根据车床、夹具、刀具、零件的刚度等因素决定。粗加工时，在条件允许的情况下，尽可能选择较大的背吃刀量，以减少走刀次数，提高生产率；精加工时，通常选较小的背吃刀量，以保证加工精度及表面粗糙度。

四、编程

低台阶编程			
O0001；	程序号		
G97G99M03S500T0101F0.2；	设置	G01X42.0；	退刀
G00X42.0Z2.0；	对刀点	G00Z2.0；	返回
G00X36.0；	进刀	G00X100.0Z100.0；	换刀点
G01Z－20.0；	切削	M30；	程序结束

高台阶编程				
O0001；	程序号			
G97G99M03S500T0101F0.2；	设置		G00X18.0；	进刀
G00X42.0Z2.0；	对刀点		G01Z－20.0；	切削
G00X36.0；	进刀	①	G01X42.0；	退刀
G01Z－20.0F0.2；	切削		G00Z2.0；	返回 ③
G01X42.0；	退刀		G00X16.0；	进刀
G00Z2.0；	返回		G01Z－20.0；	切削
G00X32.0；	进刀		G01X42.0；	退刀
G01Z－20.0；	切削	②	G00Z2.0；	返回 ④
G01X42.0；	退刀		G00X100.0 Z100.0；	换刀点
G00Z2.0；	返回		M30；	程序结束

【知识链接】

（一）程序的结构组成

一个完整的数控程序都是由程序号、程序内容和程序结束三部分组成。

O1002；——→（程序名：FANUC 系统程序名是 O××××。"××××"是四位正整数，
可以从 0001～9999，如 O2255。）

N10 G50X100Z50；
N20S300M03；
N30G00X40Z0；　程序内容：是由若干个程序段组成的，表示数控机床要完成的全
N40G01X0F100；　部动作。
······

N120M05；——→
N130M02；　　程序结束：程序结束指令可用 M02 或 M30。

（二）程序段格式

（1）程序由程序段组成。

（2）程序段由数据字组成。

（3）数据字是控制系统的具体指令，用英文字母、特殊文字表示。

（4）字－地址可变程序段格式：

①组成：词句号字，数据字，程序段结束。

②优点：程序简短、直观，以及容易校验、修改。

序号	1	2	3	4	5	6	7	8	9	10	11
代号	N	G	X U	Y V	Z W	L，J，K R	F	S	T	M	；
含义	顺序 号字	准备 功能字	坐标尺寸字				进给 功能字	主轴转速 功能字	刀具 功能字	辅助 功能字	结束符号

【说明】

（1）顺序号字：用以识别程序段的编号，用 N 及数字来表示。

（2）准备功能字：使数控机床做某种操作的指令，用 G 及两位数字表示。

（3）坐标尺寸字：由地址码和"＋，－"号以及绝对值的数值构成，坐标尺寸字的
"＋"号可以省略。

（4）进给功能字：表示刀具中心运行时的进给速度，由地址码 F 及后面若干位数字
组成。

例：F××后面两位数既可以是代码，也可以是进给值的数值。

（5）主轴转速功能字：由地址码 S 及后面的若干位数字组成，表示主轴的转速。

（6）刀具功能字：由地址码 T 及若干位数字组成，数字表示刀号，位数由系统来
决定。

（7）辅助功能字：表示一些机床辅助动作的指令，用地址码以及后面两位数字组成，
M00－M99 共计 100 种。

（8）程序段结束。

（三）换刀点

换刀点是指刀架转位换刀的位置。换刀点应设在零件或夹具的外部，以刀架转位时不
碰零件及其他部件为准。

附：

（FANUC 0I－TD 系统）

1. 准备功能 G 代码

"模态代码"的功能在它被执行后会继续维持，而"非模态代码"仅仅在收到该命令
时起作用。定义移动的代码通常是"模态代码"，像直线、圆弧和循环代码；反之，像原
点返回代码就叫"非模态代码"。

每一个代码都归属其各自的代码组。在"模态代码"里，当前的代码会被加载的同组
代码替换。准备功能 G 代码列表如下：

G 代码	组别	解释
G00		定位（快速移动）
G01	01	直线切削
G02		顺时针切圆弧（CW，顺时钟）
G03		逆时针切圆弧（CCW，逆时钟）
G04	00	暂停（Dwell）
G09		停于精确的位置
G20	06	英制输入
G21		公制输入
G22	04	内部行程限位有效
G23		内部行程限位无效
G27		检查参考点返回
G28	00	参考点返回
G29		从参考点返回
G30		回到第二参考点
G32	01	切螺纹
G40		取消刀尖半径偏置
G41	07	刀尖半径偏置（左侧）
G42		刀尖半径偏置（右侧）
G50		修改工件坐标；设置主轴最大的 RPM
G52	00	设置局部坐标系
G53		选择机床坐标系
G70		精加工循环
G71		内外径粗切循环
G72		台阶粗切循环
G73	00	成形重复循环
G74		Z 向步进钻削
G75		X 向切槽
G76		切螺纹循环
G80		取消固定循环
G83		钻孔循环
G84		攻丝循环
G85	10	正面镗孔循环
G87		侧面钻孔循环
G88		侧面攻丝循环
G89		侧面镗孔循环
G90		（内外直径）切削循环
G92	01	切螺纹循环
G94		（台阶）切削循环
G96	12	恒线速度控制
G97		恒线速度控制取消
G98	05	每分钟进给率
G99		每转进给率

2. 辅助功能 M 代码

本机床用 S 代码来对主轴转速进行编程，用 T 代码来进行选刀编程，其他可编程辅助功能由 M 代码来实现，本机床可供用户使用的 M 代码列表如下：

M 代码	功　能
M00	程序停止
M01	条件程序停止
M02	程序结束
M03	主轴正转
M04	主轴反转
M05	主轴停止
M06	刀具交换
M08	冷却开启
M09	冷却关闭
M18	主轴定向解除
M19	主轴定向
M29	刚性攻丝
M30	程序结束并返回程序头
M98	调用子程序
M99	子程序结束返回/重复执行

一般情况下，在一个程序段中，M 代码最多可以有一个。

任务二　仿真操作

	操作流程	方法步骤	说明
1	打开软件	参照"仿真软件的使用"	
2	选择机床	(1) 按"选择机床 🖵"按钮	也可在"机床"下拉菜单中选择
		(2) 在弹出菜单栏中依次选择"FANUC"—"车床"—"标准"(斜床身后置刀架)，最后点击"确定"完成该步操作	

3	定义毛坯	(1) 按"定义毛坯" 按钮	也可在"零件"下拉菜单中选择
		(2) 在弹出菜单栏中依次设置"毛坯名字"—"材料"以及毛坯的直径 Φ40 mm 与长度 60 mm，设置完后点击"确定"完成该步操作	
4	放置零件	(1) 按"放置零件" 按钮	也可在"零件"下拉菜单中选择
		(2) 在弹出菜单栏中选择毛坯，并安装零件	
		(3) 在屏幕右下方弹出"移动零件"的选项，根据实际需求，选择伸出卡盘的长度并退出	
5	选择刀具	(1) 按"选择刀具" 按钮	也可在"机床"下拉菜单中选择
		(2) 在弹出的菜单中，选择所需要的刀具并放置在合理的刀位上。刀尖半径可以设置为 0。"确认退出"	

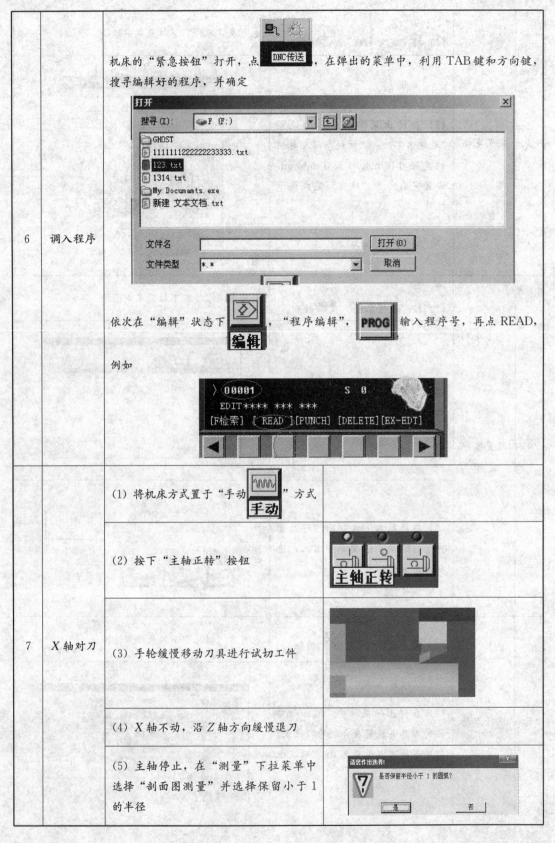

6	调入程序	机床的"紧急按钮"打开,点 DNC传送 ,在弹出的菜单中,利用 TAB 键和方向键,搜寻编辑好的程序,并确定 依次在"编辑"状态下 编辑 ,"程序编辑", PROG 输入程序号,再点 READ,例如
7	X 轴对刀	(1) 将机床方式置于"手动 手动 "方式
		(2) 按下"主轴正转"按钮 主轴正转
		(3) 手轮缓慢移动刀具进行试切工件
		(4) X 轴不动,沿 Z 轴方向缓慢退刀
		(5) 主轴停止,在"测量"下拉菜单中选择"剖面图测量"并选择保留小于 1 的半径

7	X 轴对刀	（6）在弹出的菜单中找到试切后的表面元素	(图)
		在 "OFFSET SETTING" 方式按钮中，选择 "形状"。	
		（7）将测量的尺寸输入形状选项中的 X 值	(图)
		（8）X 轴对刀完成	
8	Z 轴对刀	（1）将机床方式置于 "手动" 方式	手动
		（2）按下 "主轴正转" 按钮	主轴正转
		（3）手轮缓慢移动刀具进行平端面	(图)
		（4）手轮缓慢退刀将 Z＝0 输入到形状选项中的 Z 值	工具补正/形状 ...
		（5）Z 轴对刀完成	

9	回零	将加工方式置于"回零",并单击"+X""+Z"使机床回到参考点	
10	自动加工	(1) 选择"自动加工 ⟶ "按钮,屏幕中显示的是前面编辑的程序	
		(2) 将加工方式置于"自动",按"循环启动"按钮	启动

任务三 实训加工

【步骤解析】

一、安装工件

工件安装的好坏,直接影响加工过程中的操作。一般可按下列步骤进行。

(1) 旋开卡爪,将工件放入卡盘,同时伸出卡盘的长度要符合零件尺寸要求 30mm。慢慢旋紧卡盘,在一个临界状态时(夹紧与未夹紧之间的状态),右手轻轻的左右匀速旋转工件(至少要旋转一周),找到一个合适的位置,同时左手慢慢旋紧卡盘。

(2) 在手动方式下,使主轴正转,目测工件旋转时是否打晃。如果发现晃动,则应重新进行工件的安装。另外,也可用杠杆表检测工件是否打晃。

二、安装车刀

FANUC 数控车床采用的是四刀位刀架,因此最多可以同时安装四把刀。本项目需要 90°外圆偏刀一把。如何进行安装,是决定工件成品是否符合精度要求的一个因素。车刀安装的高度与角度参见项目一"操作数控车床"。

三、程序的录入与校验

程序的录入与校验是检验程序是否正确的一个关键步骤,对于粗心大意而导致录入错误的有着直观的体现。

1. 程序的录入

(1) 在程序编辑中新建文件夹,并以 O 开头命名。

(2) 将在仿真室模拟验证好的程序,在控制面板上进行录入。注意录入时要仔细认真,防止人为输入错误导致程序不能运行,从而影响加工。这个环节可以练习学生对控制面板的熟练程度,可反复练习。

(3) 注意随时保存程序。

2．程序的检验

在主菜单中选择"程序"按钮，然后按"程序检验"按钮。注意此时的加工状态是"自动"，为了安全起见，务必引导学生将"机床锁定"按钮打开。通过检验的图形，重新检查程序，发现问题及时解决，直到检验无误为止。

四、对刀

参照本项目中的任务二"仿真操作"。

【注意】

（1）对刀过程中一定严格按照对刀步骤进行。

（2）试切时，背吃刀量不能太大，注意图形尺寸。

（3）对刀过程要严格把关，在教师认可下才可进行加工，否则要反复练习，直到熟练为止。

五、加工

这个任务是建立在程序录入和对刀都正确的基础上，才能进入实质加工阶段。一般来说，应分为单段和自动两个步骤来进行。

1．单段加工

这个步骤主要用于检验对刀是否正确。在程序的开头有个对刀点必须设置，使用单段加工命令，使刀具移动到对刀点，观察是否与所编程序一致。如果一致则说明对刀正确，则可进行自动加工；否则，必须重新对刀。

2．自动加工

将机床置于"自动"状态，调出所编程序，打开"循环启动"按钮，进行自动加工。

3．尺寸测量

尺寸是加工中必须要保证的，看一个产品是否合格，关键就是看尺寸精度是否达到图纸要求。如何保证尺寸是这个环节的重点。一般应采取粗—精加工的方式，在精加工中不断测量，并通过刀偏来调整。另外，对千分尺和游标尺的使用应在这个环节中反复练习。

六、项目评分表

班级		姓名		学号		日期	
	序号	检测项目			配分	学生评分	教师评分
基本检查	1	工艺文件			15		
	2	仿真操作			20		
	3	设备正确操作与维护			2		
	4	安全、文明生产			3		

基本检查结果总计					40		
序号	图样尺寸	允差/mm	量具		配分	实际尺寸	分数
			名称	规格/mm		学生测	教师测
1	Φ16 mm		游标卡尺	0—150	25		
2	Φ36 mm		游标卡尺	0—150	25		
3	20 mm		游标卡尺	0—150	10		
4							
尺寸检测结果总计					60		
基本检查结果		尺寸检测结果			成绩		

以下情况为否决项（出现以下情况的，本部分不予评分，按 0 分计）：

(1) 任一项的尺寸超差＞0.2 mm 以上的，不予评分。

(2) 对刀误差造成整个加工图素 Z 向的位置偏差＞0.3 mm 以上的，不予评分。

(3) 零件加工部分形状与图纸不符的（主要图素、倒角等小错误除外），不予评分。

(4) 零件加工不完整的（包括螺纹、倒角等小错误除外），不予评分。

(5) 零件有严重碰伤、过切的，不予评分。

【知识链接】——钢直尺与游标卡尺的使用

(一) 钢直尺

钢直尺是最简单的长度量具，它的长度有 150 mm，300 mm，500 mm 和 1000 mm 四种规格。图 2—2a 是常用的 150 mm 钢直尺。

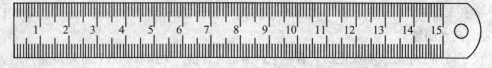

图 2—2a 150 mm 钢直尺

钢直尺用于测量零件的长度尺度（图 2—2b），它的测量结果不太准确。这是由于钢直尺的刻线间距为 1 mm，而刻线本身的宽度就有 0.1 mm～0.2 mm，所以测量时读数误差比较大，只能读出毫米数，即它的最小读数值为 1 mm，比 1 mm 小的数值，只能估计而得。

如果用钢直尺直接去测量零件的直径尺寸（轴径或孔径），则测量精度更差。其原因是：除了钢直尺本身的读数误差比较大以外，还由于钢直尺无法正好放在零件直径的正确位置。

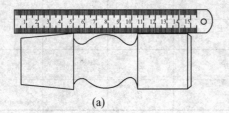
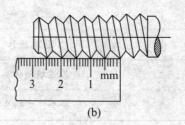

(a) (b)

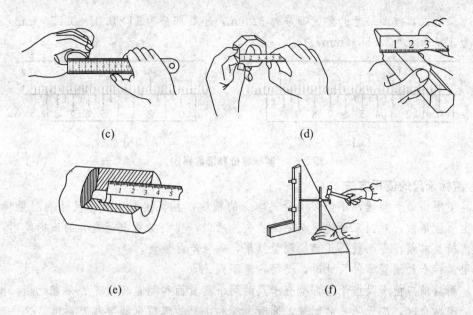

图 2—2b　钢直尺的使用方法

（a）量长度　（b）量螺距　（c）量宽度　（d）量内孔　（e）量深度　（f）划线

（二）游标卡尺

游标卡尺是一种常用的量具，具有结构简单、使用方便、精度中等和测量的尺寸范围大等特点，可以用它来测量零件的外径、内径、长度、宽度、厚度、深度和孔距等，应用范围很广。

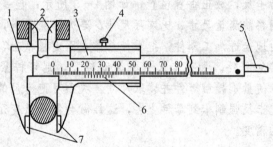

图 2—3　游标卡尺的结构型式之一

1—尺身；2—上量爪；3—尺框；4—紧固螺钉；5—深度尺；6—游标；7—下量爪

1. 游标卡尺的读数原理和读数方法

游标卡尺的读数机构，是由主尺和游标（如图 2—3 中的 1 和 6）两部分组成。现以游标读数值为 0.05 mm 的游标卡尺为例，将其读数原理和读数方法介绍如下。

图 2—4（a）所示，主尺每小格 1 mm，当两爪合并时，游标上的 20 格刚好等于主尺的 39 mm，则

游标每格间距＝39÷20＝1.95（mm）

主尺 2 格间距与游标 1 格间距相差＝2－1.95＝0.05（mm）

0.05 mm 即为此种游标卡尺的最小读数值。同理，也有用游标上的 20 格刚好等于主尺上的 19 mm，其读数原理不变。

在图 2—4（b）中，游标零线在 32 mm 与 33 mm 之间，游标上的第 11 格刻线与主尺

刻线对准。所以，被测尺寸的整数部分为 32 mm，小数部分为 $11 \times 0.05 = 0.55$ （mm），被测尺寸为 $32 + 0.55 = 32.55$ （mm）。

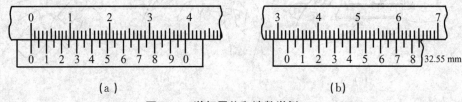

(a)　　　　　　　　　　　　　(b)

图 2—4　游标零位和读数举例

2. 游标卡尺的使用方法

量具使用得是否合理，不但影响量具本身的精度，且直接影响零件尺寸的测量精度，甚至发生质量事故，对国家造成不必要的损失。所以，我们必须重视量具的正确使用，对测量技术精益求精，务必获得正确的测量结果，确保产品质量。

使用游标卡尺测量零件尺寸时，必须注意下列几点：

(1) 测量前应把卡尺揩干净，检查卡尺的两个测量面和测量刃口是否平直无损，把两个量爪紧密贴合时，应无明显的间隙，同时游标和主尺的零位刻线要相互对准。这个过程称为校对游标卡尺的零位。

(2) 移动尺框时，活动要自如，不应有过松或过紧现象，更不能有晃动现象。用固定螺钉固定尺框时，卡尺的读数不应有所改变。在移动尺框时，不要忘记松开固定螺钉，但不宜过松。

(3) 当测量零件的外尺寸时，卡尺的两测量面连线应垂直于被测量表面，不能歪斜。测量时，可以轻轻摇动卡尺，放正垂直位置，如图 2—5 所示；但是，若量爪在如图 2—5 所示的错误位置上，则将使测量尺寸 a 比实际尺寸 b 要大。测量时，要先把卡尺的活动量爪张开，使量爪能自由地卡进加工零件，把零件贴靠在固定量爪上，然后移动尺框，用轻微的压力使活动量爪接触零件。如果卡尺带有微动装置，则可拧紧微动装置上的固定螺钉，再转动调节螺母，使量爪接触零件并读取尺寸。决不可把卡尺的两个量爪调节到接近甚至小于所测尺寸，把卡尺强制卡到零件上去，这样做会使量爪变形，或使测量面过早磨损，使卡尺失去应有的精度。

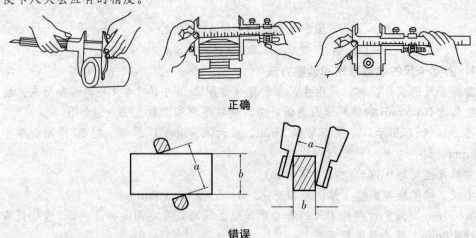

正确

错误

图 2—5　测量外尺寸时正确与错误的位置

（4）用游标卡尺测量零件时，不允许过分地施加压力，所用压力应使两个量爪刚好接触零件表面。如果测量压力过大，不但会使量爪弯曲或磨损，而且量爪会在压力作用下产生弹性变形，使测量的尺寸不准确（外尺寸小于实际尺寸，内尺寸大于实际尺寸）。

（5）在游标卡尺上读数时，应水平地拿着卡尺，并朝着亮光的方向，使人的视线尽可能和卡尺的刻线表面垂直，以免由于视线的歪斜造成读数误差。

（6）为了获得正确的测量结果可以多测量几次，即在零件的同一截面上的不同方向进行多次测量。对于较长零件，应当在全长的各个部位进行测量，务必获得一个比较正确的测量结果。

为了让读者便于记忆，能更好地掌握游标卡尺的使用方法，这里把上述提到的几个主要问题，整理成如下顺口溜，供读者参考：

量爪贴合无间隙，主尺游标两对零。

尺框活动能自如，不松不紧不摇晃。

测力松紧细调整，不当卡规用力卡。

量轴要防量歪斜，读数一定垂直看。

想一想 多阶梯轴的零件如何使用 G00 和 G01 指令编程？

项目拓展

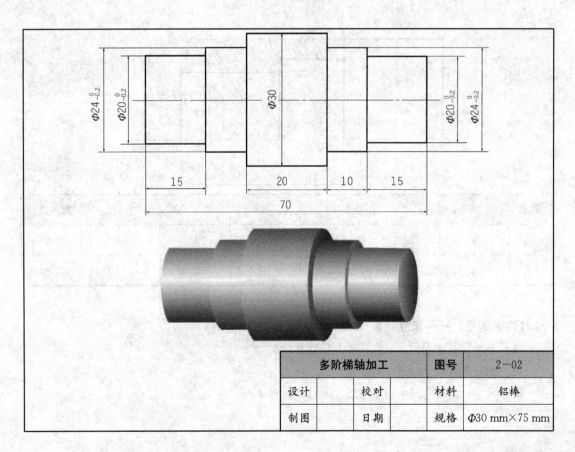

多阶梯轴加工		图号	2—02
设计	校对	材料	铝棒
制图	日期	规格	$\Phi30\ mm\times75\ mm$

任务一 理论编程

【步骤解析】

一、制定加工工艺

该项目为多台阶的简单阶梯轴加工，零件的两端各有两个外圆柱面，尺寸一致。有尺寸精度要求，无粗糙度要求。零件材料为铝棒，切削加工性能好，毛坯尺寸为 $\Phi30$ mm×75 mm。其加工步骤如下：

(1) 用三爪自定心卡盘夹住毛坯 $\Phi30$ mm 外圆，外伸 30 mm，并找正。

(2) 对刀。以工件的右端面与主轴回转中心线的交点为原点建立工件坐标系。

(3) 依次粗车 $\Phi24$ mm、$\Phi20$ mm 的外圆面，并留 0.5 mm 的精加工余量。

(4) 依次精车 $\Phi20$ mm、$\Phi24$ mm 的外圆面至尺寸精度要求。

二、尺寸计算

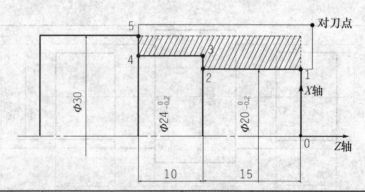

节点	0	1	2	3	4	5	对刀点
X	0	19.9	19.9	23.9	23.9	30.0	32.0
Z	0	0	−15.0	−15.0	−25.0	−25.0	2.0

【知识链接】——尺寸计算

编程尺寸＝基本尺寸＋(上偏差＋下偏差)/2

例：$\Phi20_{-0.021}^{0}$ 尺寸计算

编程尺寸＝$20+[0+(-0.021)]/2=19.9895$ (mm)

三、刀具选择

刀具卡									
课程名称			项目名称				图号		
序号	刀具号	刀偏号	刀具名称	数量	刀尖半径	刀尖方位	主轴转速（n）	进给量（f）	背吃刀量（a_p）
1	T01	01	90°外圆偏刀	1			500 r/min	0.2 mm/r	2.0 mm
2	T02	02	93°外圆精车刀	1			800 r/min	0.08 mm/r	0.25 mm
编制		审核		批准			共1页	第1页	

四、编程

阶梯轴编程（粗加工）				
O0001；	程序号			
G97G99M03S500T0101F0.2；	设置	G01X32.0；	退刀	②
G00X32.0Z2.0；	对刀点	G00Z2.0；	返回	
G00X26.0；	进刀	G00X20.5；	进刀	③
G01Z−25.0F0.2；	切削 ①	G01Z−15.0；	切削	
G01X32.0；	退刀	G01X32.0；	退刀	
G00Z2.0；	返回	G00Z2.0；	返回	
G00X20.5；	进刀 ②	G00X100.0Z100.0；	换刀点	
G01Z−15.0；	切削	M30；	程序结束	

阶梯轴编程（精加工）			
O0002；	程序号		
G97G99M03S800T0202F0.08；	设置	G01X23.9Z−15.0；	3点
G00X32.0Z2.0；	对刀点	G01X23.9Z−25.0；	4点
G00X0；	从0点开始切削	G01X32.0Z−25.0；	5点稍高
G01Z0		G00X32.0Z2.0；	返回对刀点
G01X19.9Z0；	1点	G00X100.0Z100.0；	换刀点
G01X19.9Z−15.0；	2点	M30；	程序结束

任务二　仿真操作

运用仿真软件进行模拟练习，同时也可以验证所编写程序的对错（参照本项目二"加工阶梯轴"的仿真操作）。

【注意】

（1）仿真操作时，应严格按照实训步骤进行，特别是对刀。

（2）根据在普通机床上加工的各种方法及切削用量的选择技巧来进行仿真。

任务三　实训加工

【步骤解析】

一、安装工件

（1）旋开卡爪，将工件放入卡盘，同时伸出卡盘的长度要符合零件尺寸要求 30 mm。慢慢旋紧卡盘，在一个临界状态时（夹紧与未夹紧之间的状态），右手轻轻的左右匀速旋转工件（至少要旋转一周），找到一个合适的位置，同时左手慢慢旋紧卡盘。

（2）在手动方式下，使主轴正转，目测工件旋转时是否打晃。如果发现晃动，则应重新进行工件的安装。另外，也可用杠杆表检测工件是否打晃。

二、安装车刀

FANUC 数控车床采用的是四刀位刀架，因此最多可以同时安装四把刀。本项目需要 90°外圆粗车刀一把、93°外圆精车刀一把。

三、程序的录入与校验

（1）程序录入：

①在程序编辑状态下新建文件夹，并以 O 开头命名。

②注意随时保存程序。

（2）程序检验。

四、对刀

参照项目二中的任务二"仿真操作"。

五、外圆加工

（1）单段加工。

（2）自动加工。将机床置于"自动"状态，调出所编程序，打开"循环启动"按钮，进行自动加工。

（3）尺寸测量。

六、项目评分表

班级		姓名		学号		日期	
	序号		检测项目		配分	学生评分	教师评分
基本检查	1		工艺文件		15		
	2		仿真操作		20		
	3		设备正确操作与维护		2		
	4		安全、文明生产		3		
基本检查结果总计					40		

序号	图样尺寸	允差/mm	量具		配分	实际尺寸	分数
			名称	规格/mm		学生测	教师测
1	$\Phi20_{-0.2}^{0}$ mm		游标卡尺	0－150	25		
2	$\Phi24_{-0.2}^{0}$ mm		游标卡尺	0－150	25		
3	15 mm		游标卡尺	0－150	5		
4	10 mm		游标卡尺	0－150	5		
尺寸检测结果总计					60		
基本检查结果			尺寸检测结果			成绩	

以下情况为否决项（出现以下情况的，本部分不予评分，按 0 分计）：

（1）任一项的尺寸超差＞0.2 mm 以上的，不予评分。

（2）对刀误差造成整个加工图素 Z 向的位置偏差＞0.3 mm 以上的，不予评分。

（3）零件加工部分形状与图纸不符的（主要图素、倒角等小错误除外），不予评分。

（4）零件加工不完整的（包括螺纹、倒角等小错误除外），不予评分。

（5）零件有严重碰伤、过切的，不予评分。

项目小结　本项目通过一个阶梯轴的编程与加工，学会了 G00、G01 这两个指令的应用，同时对于一个零件的完整编程也有了深刻的认识。其中，程序的格式以及编程的步骤应重点记忆，特别是加工的过程，即走刀的路线一定要明白。

仿真与实训加工中，要注意对刀，以及加工安全，要反复练习游标卡尺的使用。

项目练习

实训1：加工如图所示零件，材料为铝，选择 FANUC 系统 CKA6140 机床，最大背吃刀量 $a_p < 2.5$ mm。试编写单件生产加工程序，单位为 mm。

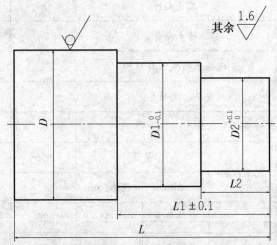

件号	毛坯尺寸	D1	D2	L1	L2
1	$\Phi50$ mm×80 mm	$\Phi48$ mm	$\Phi45$ mm	50 mm	25 mm
2	$\Phi45$ mm×80 mm	$\Phi40$ mm	$\Phi38$ mm	55 mm	20 mm
3	$\Phi45$ mm×80 mm	$\Phi38$ mm	$\Phi36$ mm	54 mm	26 mm
4	$\Phi40$ mm×85 mm	$\Phi33$ mm	$\Phi26$ mm	48 mm	25 mm
5	$\Phi40$ mm×85 mm	$\Phi34$ mm	$\Phi30$ mm	44 mm	21 mm

实训2：加工如图所示零件，材料为铝，毛坯尺寸为 $\Phi45$ mm×100 mm，选择 FANUC 系统 CKA6140 机床，最大背吃刀量 $a_p < 2.5$ mm。试编写加工程序，单位为 mm。

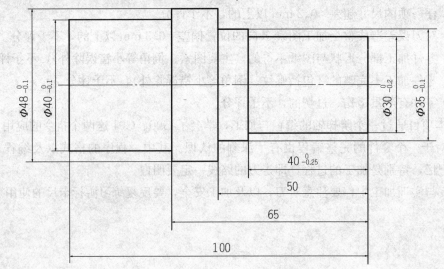

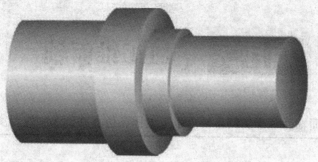

实训 3：加工如图所示零件，材料为铝，毛坯尺寸为 $\Phi 50\ mm \times 50\ mm$，选择 FANUC 系统 CKA6140 机床，最大背吃刀量 $a_p < 2.5\ mm$。试编写加工程序，单位为 mm。

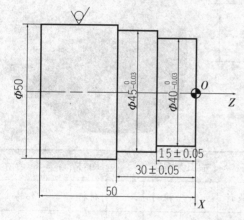

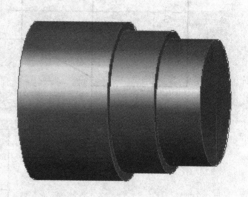

项目三　加工锥面轴

图 3-1 是锥面轴的一个实例，要求手工编程、仿真并到车间进行实训加工。

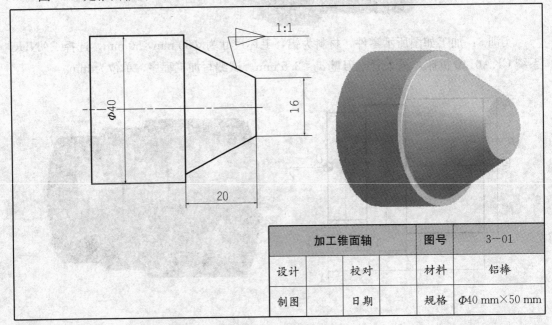

加工锥面轴		图号	3-01
设计	校对	材料	铝棒
制图	日期	规格	Φ40 mm×50 mm

图 3-1　锥面轴

● 了解锥体加工的工艺路线。
● 掌握刀尖圆弧半径补偿指令的应用。
● 能熟练使用仿真软件进行模拟练习。
● 能熟练操作 FANUC 系统的数控车床进行实训加工。

基础知识一

一、锥度

1. 圆锥概念及各部分尺寸计算

(1)圆锥的四个基本参数：

①圆锥半角($\alpha/2$)或锥度(C)。

②最大圆锥直径(D)。

③最小圆锥直径(d)。

④圆锥长度(L)。

> 锥度是两个垂直圆锥轴线截面的圆锥直径差与该两截面间的轴向距离之比。
>
> 即　$C=(D-d)/L$

（2）圆锥的各部分尺寸计算：圆锥可分为圆锥体和圆锥孔，它们各部分的概念及尺寸计算相同。

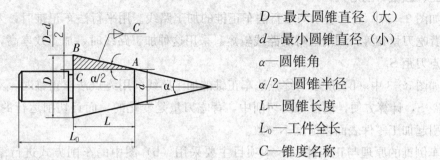

D—最大圆锥直径（大）

d—最小圆锥直径（小）

α—圆锥角

$\alpha/2$—圆锥半径

L—圆锥长度

L_0—工件全长

C—锥度名称

2. 标准圆锥

（1）米制圆锥。米制圆锥共有八个号码，即 4 号、6 号、80 号、100 号、120 号、140 号、160 号和 200 号。

（2）莫氏圆锥。莫氏圆锥分成 7 个号码，即 0、1、2、3、4、5、6，最小的 0 号，最大的是 6 号。

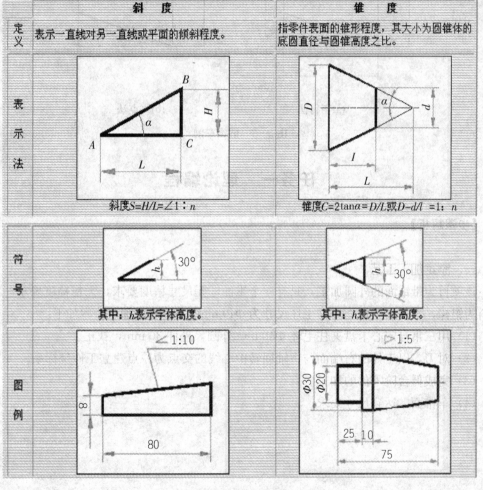

图 3-2　锥度与斜度

二、圆锥车削方式

如图 3—3 中（a）所示为平行法车正锥的加工路线。用平行法车正锥时，刀具每次切削的背吃刀量相等，切削运行的路线较短。采用这种加工路线时，加工效率高，但需要计算终点刀距 S。

如图 3—3 中（b）所示为终点法车正锥的加工路线。用终点法车正锥时，不需要计算终刀距 S，计算方便，但在每次切削中，背吃刀量是变化的，而且切削运行的路线较长，容易引起加工零件表面粗糙度不一致。

车倒锥的原理与正锥相同。本项目主要采用（b）图中的车削方式进行编程与实训加工。

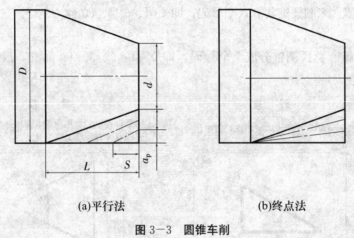

(a)平行法　　　　　　　　　　(b)终点法

图 3—3　圆锥车削

任务一　理论编程

【步骤解析】

一、制定加工工艺

该项目为带锥面的外圆加工，只有一个锥面，无尺寸精度要求，无粗糙度要求。零件材料为铝棒，切削加工性能好，毛坯尺寸为 $\Phi 40\,mm \times 50\,mm$，加工步骤如下：

（1）用三爪自定心卡盘夹住毛坯 $\Phi 40\,mm$ 外圆，外伸 30 mm，找正。

（2）对刀，以工件的右端面与主轴回转中心线的交点为原点建立工件坐标系。

（3）完成低台阶零件的加工。

（4）车锥面，达到尺寸要求。

二、尺寸计算

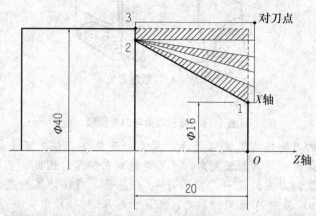

节点	0	1	2	3	对刀点
X	0	16.0	36.0	40.0	42.0
Z	0	0	−20.0	−20.0	2.0

三、刀具选择

刀具卡									
课程名称			项目名称				图号		
序号	刀具号	刀偏号	刀具名称	数量	刀尖半径	刀尖方位	主轴转速 (n)	进给量 (f)	背吃刀量 a_p
1	T01	01	90°外圆偏刀	1	0.4 mm	3	500 r/min	0.2 mm/r	2.0 mm
编制		审核		批准				共1页	第1页

【知识链接】——刀尖圆弧半径补偿

刀具的补偿功能是数控车床的一种主要功能，它分为刀具位置补偿和刀尖圆弧半径补偿，项目三中所讲的对刀就是为了建立刀具位置补偿，在此只讲述刀尖圆弧半径补偿。

（一）刀尖圆弧半径补偿的原理

在理想状态下，我们总是将尖形车刀的刀位点假想成一个点，即为假想刀尖，如图3—4（a）所示尖头刀。但实际加工中的车刀，由于工艺或其他要求，刀尖往往不是一个理想的点，而是一段圆弧，如图3—4（b）所示。该圆弧所构成的假想圆半径就是刀尖圆弧半径。

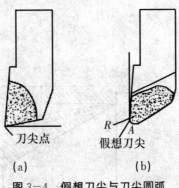

刀尖点　　　　　　　　假想刀尖

(a)　　　　　　　　　(b)

图3-4　假想刀尖与刀尖圆弧

一般机夹刀片的刀尖处均呈圆弧过渡，且有一定的半径值。即使是专门刃磨的"尖刀"其实际状态还是有一定的圆弧倒角，不可能绝对是尖角。因此，实际上真正的刀尖是不存在的，这里所说的刀尖只是一"假想刀尖"。但是，编程计算点是根据理论刀尖（假想刀尖）图3-4 (b) 图中 A 点来计算的，相当于图3-4 (a) 中尖头刀的刀尖点。

当加工与坐标轴平行的圆柱面和端面轮廓时，刀尖圆弧并不影响其尺寸或形状。但当加工锥面、圆弧等非坐标方向轮廓时，刀尖圆弧将引起尺寸或形状误差，出现欠切或过切，如图3-5所示。

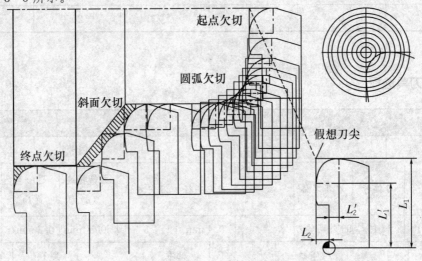

图3-5 刀尖圆弧造成的过切与欠切

因此，当使用带有刀尖圆弧半径的刀具加工锥面和圆弧面时，必须将假设的刀尖点的路径作适当的修正，使切削加工出来的工件能获得正确的尺寸，这种修正方法称为刀尖圆弧半径补偿。现代数控车床控制系统一般都具有刀具半径补偿功能。这类系统只需要按工件轮廓编程，并在加工前输入刀具半径数据，通过在程序中使用刀具半径补偿指令，数控装置可自动计算出刀具中心轨迹，使刀具中心按此轨迹运行。也就是说，执行刀具半径补偿后，刀具中心将自动在偏离工件轮廓一个半径值的轨迹上运行，从而加工出所要求的工件轮廓。

（二）刀尖圆弧半径补偿指令

1. 指令格式

刀具半径左补偿指令：

G41G01(G00)X(U)＿ Z(W)＿ F＿;

刀具半径右补偿指令：

G42G01(G00)X(U)＿ Z(W)＿ F＿；

取消刀具半径补偿指令：

G40G01(G00)X(U) ＿ Z(W)＿。

2. 指令说明

（1）刀具半径补偿通过准备功能指令 G41/G42 建立。刀具半径补偿建立后，刀具中心在偏离编程工件轮廓一个半径的等距线轨迹上运行。

（2）沿刀具运行方向看，刀具在工件左侧时，称为刀具半径左补偿，如图 3-6（a）所示；刀具在工件右侧时，称为刀具半径右补偿，如图 3-6（b）所示。在判别时，一定要从 Y 轴正方向向负方向观察刀具所在位置。

（3）若需要取消刀具左、右补偿，可编入 G40 指令，这时，车刀轨迹按照编程轨迹运行。

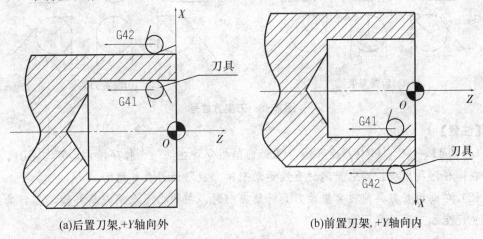

(a)后置刀架,+Y轴向外　　　　(b)前置刀架,+Y轴向内

图 3-6　刀尖半径补偿指令

（三）刀尖半径补偿的过程

刀尖半径补偿的过程分为以下三步：

（1）刀补的建立，刀具中心从编程轨迹重合过渡到与编程轨迹偏离一个偏移量的过程。

（2）刀补的进行，执行 G41 或 G42 指令的程序段后，刀具中心始终与编程轨迹相距一个偏移量。

（3）刀补的取消，刀具离开工件，刀具中心轨迹过渡到与编程轨迹重合的过程。

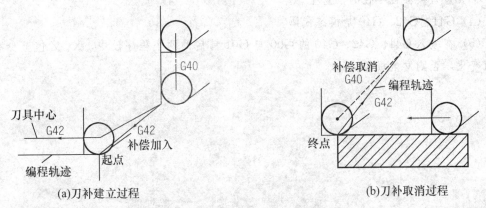

(a)刀补建立过程　　　　　　　(b)刀补取消过程

图 3-7　刀尖半径补偿的建立与取消过程

（四）刀尖方位的确定

执行刀尖半径补偿功能时，除了与刀具刀尖半径大小有关外，还与刀尖的方位有关。不同的刀具，刀尖圆弧的位置不同，刀具自动偏离工件轮廓的方向就不同。如图 3-8 所示，车刀方位有 9 个，分别用参数 1~9 表示。如车削外圆表面时，从右向左车削，刀的方位为 3；从左向右车削，刀的方位为 4。

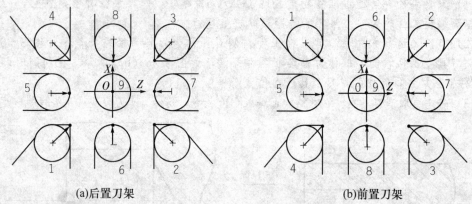

(a)后置刀架　　　　　　　　　　　　　(b)前置刀架

图 3-8　刀尖方位号

【注意】

（1）G41、G42、G40 指令不能与圆弧切削指令写在同一个程序段内，可与 G01、G00 指令在同程序段出现，即它是通过直线运动来建立或取消刀具补偿的。

（2）在调用新刀具前或要更改刀具补偿方向时，中间必须取消刀具补偿，其目的是为了避免产生加工误差或干涉。

（3）刀尖半径补偿取消在 G41 或 G42 程序段后面，加 G40 程序段，便使刀尖半径补偿取消，其格式是：

G41（或 G42）

......

G40

程序的最后必须以取消偏置状态结束，否则刀具不能在终点定位，而是停在与终点位置偏移一个矢量刀尖圆弧半径的位置上。

（4）G41、G42、G40 是模态代码。

（5）在编入 G41、G42、G40 的 G00 与 G01 前后的两个程序段中，X、Z 值至少有一个值变化，否则发生报警。

四、编程

锥面编程（粗加工）				
O0001;	程序号			
G97G99M03S500T0101;	设置	G00X24.0;	进刀	
G00X42.0Z2.0;	对刀点	G01X36.0Z-20.0;	切削	④
G00X36.0;	进刀	G01X42.0;	退刀	
G01Z-20.0F0.2;	切削	G00Z2.0;	返回	
G01X42.0;	退刀 ①	G00X20.0;	进刀	
G00Z2.0;	返回	G01X36.0Z-20.0;	切削	⑤
G00X32.0;	进刀	G01X42.0;	退刀	
G01X36.0Z-20.0;	切削	G00Z2.0;	返回	
G01X42.0;	退刀 ②	G00X16.0;	进刀	
G00Z2.0;	返回	G01X36.0Z-20.0;	切削	⑥
G00X28.0;	进刀	G01X42.0;	退刀	
G01X36.0Z-20.0;	切削	G00Z2.0;	返回	
G01X42.0;	退刀 ③	G00Z2.0;	换刀点	
G00Z2.0;	返回	M30;	程序结束	
锥面编程（精加工）				
O0002;	程序号			
G97G99M03S500T0101;	设置	G01X36.0Z-20.0;	2点	
G42G00X42.0Z2.0;	对刀点	G01X42.0;	3点稍高	
G00X16.0;	进刀	G40G00X100.0Z100.0;	换刀点	
G01Z0F0.08;	1点	M30;	程序结束	

任务二　仿真操作

运用仿真软件进行模拟练习，同时也可以验证所编写程序的对错（参照项目二"加工阶梯轴"的仿真操作）。

（1）仿真操作时，应严格按照实训步骤进行，特别是对刀。

（2）根据在普通机床加工的各种方法及切削用量的选择技巧，来进行仿真。

（3）将刀尖半径和刀尖方位输入。

①打开"形状补正/形状"栏：

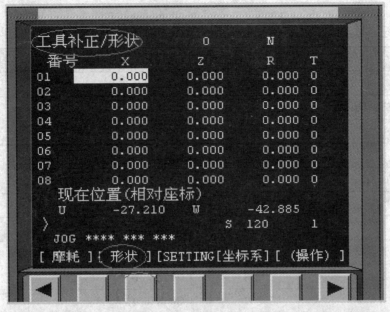

②输入将刀尖半径 R4 和刀尖方位 T3：

```
OFFSET / WEAR            O            N

   NO.        X              Z           R      T

W 01      0.000        0.000        0.400   3
```

任务三　实训加工

【步骤解析】

一、安装工件

（1）旋开卡爪，将工件放入卡盘，同时伸出卡盘的长度要符合零件尺寸要求 30 mm。慢慢旋紧卡盘，在一个临界状态时（夹紧与未夹紧之间的状态），右手轻轻的左右匀速旋转工件（至少要旋转一周），找到一个合适的位置，同时左手慢慢旋紧卡盘。

（2）在手动方式下，使主轴正转，目测工件旋转时是否打晃。如果发现晃动，则应重新进行工件的安装。另外，也可用杠杆表检测工件是否打晃。

二、安装车刀

FANUC 数控车床采用的是四刀位刀架，因此最多可以同时安装四把刀。本项目需要 90°外圆偏刀一把。如何进行安装，是决定工件成品是否符合精度要求的一个因素。车刀安装的高度与角度参见项目二"操作数控车床"。

三、程序的录入与校验

程序的录入与校验是检验程序是否正确的一个关键步骤，对于粗心大意而导致录入错误的有着直观的体现。

(1) 程序的录入。

(2) 程序的检验。

四、对刀

参照项目二中的任务二"仿真操作"。

【注意】

(1) 对刀过程中一定严格按照对刀步骤进行。

(2) 试切时，背吃刀量不能太大，注意图形尺寸。

(3) 对刀过程要严格把关，在教师认可下才可进行加工，否则要反复练习，直到熟练为止。

五、加工

(1) 单段加工。

(2) 自动加工。

(3) 尺寸测量。在数控车床上加工圆锥面时会产生很多加工误差，如锥度不符合要求、表面粗糙度达不到要求等。锥面加工中出现的问题、产生的原因以及可以采取的预防和消除的措施见下表。

问题现象	产生原因	预防和消除
锥度不符合要求	(1) 程序错误 (2) 工件装夹不正确	(1) 检查修改加工程序 (2) 检查工件安装，增加安装刚度
切削过程出现振动	(1) 工件安装不正确 (2) 刀具安装不正确 (3) 切削参数不正确	(1) 正确安装工件 (2) 正确安装刀具 (3) 编程时合理选择切削参数
锥面径向尺寸不符合要求	(1) 程序错误 (2) 刀具磨损 (3) 没有考虑刀尖圆弧补偿	(1) 保证编程正确 (2) 及时更换磨损大的刀具 (3) 考虑刀具补偿
切削过程出现干涉现象	工件斜度大于刀具后角	(1) 选择正确刀具 (2) 改变切削方式
表面粗糙度达不到要求	(1) 车刀刚度不足或伸出太长引起振动 (2) 车刀几何参数不合理 (3) 切削用量选择不合理	(1) 提高车刀刚度，正确装夹车刀 (2) 合理选用车刀角度 (3) 选择合适的切削用量

六、项目评分表

班级		姓名		学号		日期	
基本检查	序号	检测项目		配分	学生评分	教师评分	
	1	工艺文件		15			
	2	仿真操作		20			
	3	设备正确操作与维护		2			
	4	安全、文明生产		3			
基本检查结果总计				40			
序号	图样尺寸	允差/mm	量具		配分	实际尺寸	分数
			名称	规格/mm		学生测	教师测
1	Φ16 mm		游标卡尺	0—150	15		
2	锥度1:1		万能角度尺		30		
3	20 mm		游标卡尺	0—150	15		
尺寸检测结果总计					60		
基本检查结果			尺寸检测结果			成绩	

【知识链接】——游标万能角度尺的使用

（一）游标万能角度尺

游标万能角度尺又被称为角度规、游标角度尺和万能量角器，它是利用游标读数原理来直接测量工件角或进行划线的一种角度量具，适用于机械加工中的内、外角度测量，可测 0°～320°外角及 40°～130°内角，如图 3—8 所示。

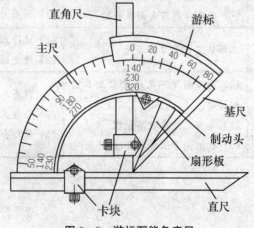

图 3—8　游标万能角度尺

测量时，应先校准零位。校准游标万能角度尺的零位，是当角尺与直尺均装上，而角尺的底边及基尺与直尺无间隙接触，此时主尺与游标的"0"线对准。校准好零位后，通过改变基尺、角尺、直尺的相互位置可测试0°～320°范围内的任意角。

应用游标万能角度尺测量工件时，要根据所测角度适当组合量尺。

游标万能角度尺的结构：它由尺身、90°角尺、游标、制动器、基尺、直尺、卡块等组成。

（二）游标万能角度尺的读数及使用方法

测量时，根据产品被测部位的情况，先调整好角尺或直尺的位置，用卡块上的螺钉把它们紧固住，再调整基尺测量面与其他有关测量面之间的夹角。这时，要先松开制动头上的螺母，移动主尺做粗调整；然后转动扇形板背面的微动装置做细调整，直到两个测量面与被测表面密切贴合为止；最后拧紧制动器上的螺母，把角度尺取下来进行读数。

1. 测量0°～50°之间的角度

角尺和直尺全都装上，工件的被测部位放在基尺和直尺的测量面之间进行测量。

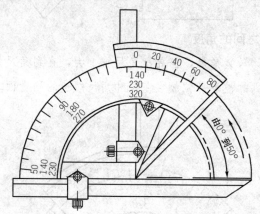

2. 测量50°～140°之间的角度

把角尺卸掉，而把直尺装上去，使它与扇形板连在一起。工件的被测部位放在基尺和直尺的测量面之间进行测量。

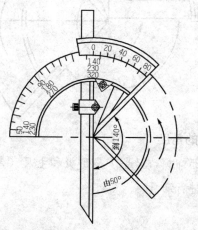

也可以不拆下角尺，只把直尺和卡块卸掉，再把角尺拉到下边来，直到角尺短边与长边的交线和基尺的尖棱对齐为止。工件的被测部位放在基尺和角尺短边的测量面之间进行测量。

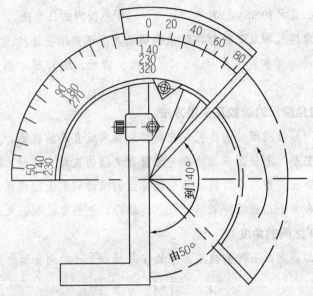

3. 测量140°~230°之间的角度

把直尺和卡块卸掉，只装角尺，但要把角尺推上去，直到角尺短边与长边的交线和基尺的尖棱对齐为止。工件的被测部位放在基尺和角尺短边的测量面之间进行测量。

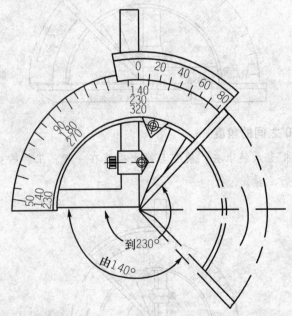

4. 测量230°~320°之间的角度

把角尺、直尺和卡块全部卸掉，只留下扇形板和主尺（带基尺）。工件的被测部位放在基尺和扇形板测量面之间进行测量。

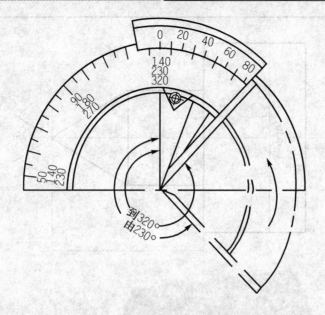

【注意】

(1) 使用前，先将游标万能角度尺擦拭干净，再检查各部件的相互作用是否移动平稳可靠、止动后的读数是否不动，然后校准零位。

(2) 测量时，放松制动器上的螺帽，移动主尺座做粗调整，再转动游标背面的手把做精细调整，直到使角度尺的两测量面与被测工件的工作面密切接触为止，然后拧紧制动器上的螺帽加以固定，即可进行读数。

(3) 测量完毕后，应用汽油或酒精把游标万能角度尺洗净，用干净纱布仔细擦干，涂以防锈油，然后装入匣内。

项目拓展

该项目为大锥面的阶梯轴加工，加工余量较大，若使用 G01 指令编写加工程序，程序段会很多，比较繁琐，容易出现编程错误。为了简化程序的编制，可采用 G90 单一循环加工指令编制程序。

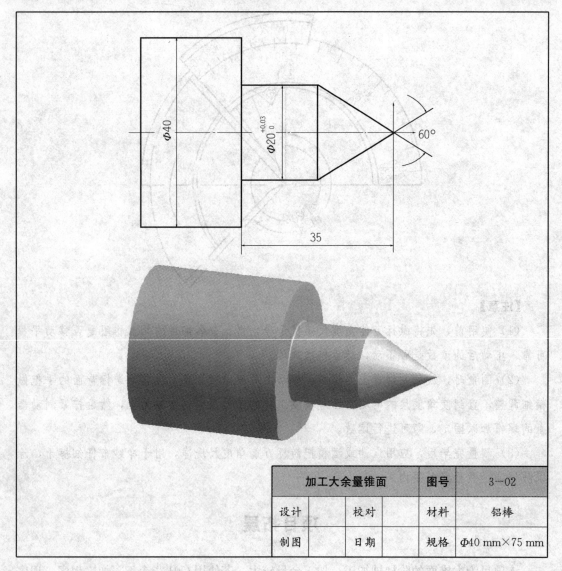

加工大余量锥面		图号	3—02
设计	校对	材料	铝棒
制图	日期	规格	$\Phi40\ mm\times75\ mm$

基础知识二

G90 指令

1. 指令格式

G90 X(U)＿ Z(W)＿ R＿ F＿；（第一次循环加工）

X(U)＿；（第二次循环加工）

X(U)＿；（第三次循环加工）

X(U)＿；（第四次循环加工）

……   （第 N 次循环加工）

式中，X(U)＿ Z(W)＿：循环切削终点处的坐标；R：车削圆锥面时起点半径与终点半径的差值；F：进给速度。

【注意】

当 R 为 0 时，即可车削圆柱面，R 为 0 时，R 可省略。

2．指令说明

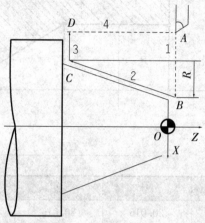

如图所示为圆锥面切削循环运动轨迹，刀具从 $A{\rightarrow}B{\rightarrow}C{\rightarrow}D{\rightarrow}A$ 为一个循环，可用一个 G90 指令代替。刀具从 $A{\rightarrow}B$ 为快速进给，在编程时 A 点在轴向上要离开工件一段距离，以保证快速进刀时的安全。刀具从 $B{\rightarrow}C$ 和 $C{\rightarrow}D$ 为切削进给，为了提高生产率，D 点在径向上不要离 C 点太远。A 点坐标与对刀点坐标的选取类似，也叫循环点。

任务一　理论编程

【步骤解析】

一、制定加工工艺

该工件由外圆和锥面组成，有尺寸精度要求，无粗糙度要求。零件材料为铝棒，切削加工性能好，毛坯尺寸为 $\Phi40\ mm{\times}75\ mm$。其加工步骤如下：

（1）用三爪自定心卡盘夹住毛坯 $\Phi40\ mm$ 外圆，外伸 50 mm，并找正。

（2）对刀，以工件的右端面与主轴回转中心线的交点为原点建立工件坐标系。

（3）依次粗车 $\Phi20\ mm$ 的外圆面、锥面，并留 0.5 mm 的精加工余量。

（4）依次精车锥面，$\Phi20\ mm$ 的外圆面至尺寸精度要求。

二、尺寸计算

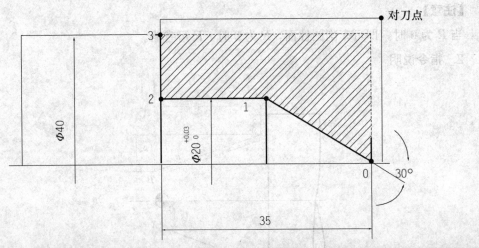

节点	0	1	2	3	对刀点
X	0	20.015	20.015	40.0	42.0
Z	0	−17.32	−35.0	−35.0	2.0

【计算】

（1）$\Phi20$ mm 的外圆：$X=20+(0.03+0)/2=20.015$（mm）

（2）锥面端点即 1 点：$Z=10\times\text{ctg}30°=17.32$（mm）

三、刀具选择

刀具卡										
课程名称			项目名称				图号			
序号	刀具号	刀偏号	刀具名称	数量	刀尖半径	刀尖方位	主轴转速 (n)	进给量 (f)	背吃刀量 a_{p}	
1	T01	01	90°外圆偏刀	1	0.4	3	500 r/min	0.2 mm/r	2.0 mm	
2	T02	02	93°外圆精车刀	1	0.4	3	800 r/min	0.08 mm/r	0.25 mm	
编制			审核			批准			共1页	第1页

四、编程

大余量锥面编程（粗加工）				
O0001；	程序号			
G97G99M03S500T0101；	设置	G90X16.5Z−17.32R−10.0；	第一次	
G00X42.0Z2.0；	循环点	X12.5；	第二次	
G90X36.0Z−35.0F0.2；	第一次	X8.5；	第三次	锥面
X32.0；	第二次	X4.5；	第四次	
X28.0；	第三次 Φ20mm的圆柱面	X0.5；	第五次	
X24.0；	第四次	G00X100.0Z100.0；	换刀点	
X20.5；（留0.5mm余量）	第五次	M30；	程序结束	
大余量锥面编程（精加工）				
O0002；	程序号			
G97G99M03S800T0202F0.08；	设置	G01X20.015Z−35.0；	2点	
G00X42.0Z2.0；	对刀点	G01X42.0Z−35.0；	3点稍高	
G00X0；	从O点开始切削	G00X32.0Z2.0；	返回对刀点	
G01Z0；		G00X100.0Z100.0；	换刀点	
G01X20.015Z−17.32；	1点	M30；	程序结束	

任务二 仿真操作

运用仿真软件进行模拟练习，同时也可以验证所编写程序的对错（参照项目二"加工阶梯轴"的仿真操作）。

【注意】

（1）仿真操作时，应严格按照实训步骤进行，特别是对刀。

（2）根据在普通机床上加工的各种方法及切削用量的选择技巧来进行仿真。

（3）将刀尖半径和刀尖方位输入：

OFFSET/WEAR		0	N
NO. X	Z	R	T
W 01 0.000	0.000	0.400	3

。

任务三　实训加工

【步骤解析】

一、安装工件

（1）旋开卡爪，将工件放入卡盘，同时伸出卡盘的长度要符合零件尺寸要求 30 mm。慢慢旋紧卡盘，在一个临界状态时（夹紧与未夹紧之间的状态），右手轻轻的左右匀速旋转工件（至少要旋转一周），找到一个合适的位置，同时左手慢慢旋紧卡盘。

（2）在手动方式下，使主轴正转，目测工件旋转时是否打晃。如果发现晃动，则应重新进行工件的安装。另外，也可用杠杆表检测工件是否打晃。

二、安装车刀

FANUC 数控车床采用的是四刀位刀架，因此最多可以同时安装四把刀。本项目需要90°外圆粗车刀和93°外圆精车刀各一把。如何进行安装，是决定工件成品是否符合精度要求的一个因素。车刀安装的高度与角度参见项目一"操作数控车床"。

三、程序的录入与校验

程序的录入与校验是检验程序是否正确的一个关键步骤，对于粗心大意而导致录入错误的有着直观的体现。

（1）程序的录入。

（2）程序的检验。

四、对刀

参照项目三中的任务二"仿真操作"。

【注意】

（1）对刀过程中一定严格按照对刀步骤进行。

（2）试切时，背吃刀量不能太大，注意图形尺寸。

（3）对刀过程要严格把关，在教师认可下才可进行加工，否则要反复练习，直到熟练为止。

五、加工

（1）单段加工。

（2）自动加工。

（3）尺寸测量。

六、项目评分表

班级		姓名		学号		日期	
基本检查	序号	检测项目			配分	学生评分	教师评分
	1	工艺文件			15		
	2	仿真操作			20		
	3	设备正确操作与维护			2		
	4	安全、文明生产			3		
		基本检查结果总计			40		
序号	图样尺寸	允差/mm	量具		配分	实际尺寸	分数
			名称	规格/mm		学生测	教师测
1	$\Phi 20^{+0.03}_{0}$ mm		游标卡尺	0—150	20		
2	锥度				30		
3	35 mm		万能角度尺 游标卡尺	0—150	10		
		尺寸检测结果总计			60		
基本检查结果		尺寸检测结果				成绩	

项目小结　本项目通过加工锥面，学会了锥面的参数计算，认识了锥面加工的过程和方法，同时学会了使用 G90 进行外圆以及大余量锥面的编程，对于一个零件的完整编程、仿真模拟和实训加工也有了深刻的认识。其中，程序的格式以及编程的步骤应重点记忆，特别是加工的过程，即走刀的路线一定要明白。

仿真与实训加工中，要注意对刀，以及加工安全，要反复练习游标万能角度尺的使用。

项目练习

实训 1：加工如图所示零件，材料为铝，毛坯尺寸为 $\Phi 40$ mm×70 mm，选 FANUC 系统 CKA6140 机床，最大背吃刀量 a_p <2.5 mm。试编写单件生产加工程序，单位为 mm。

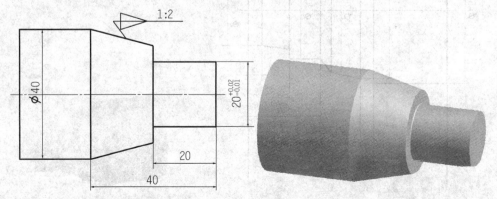

实训 2：加工如图所示零件，材料为铝，毛坯尺寸为 $\Phi40\times100$ mm，选 FANUC 系统 CKA6140 机床，最大背吃刀量 $a_p<2.5$ mm，试编写加工程序，单位为 mm。

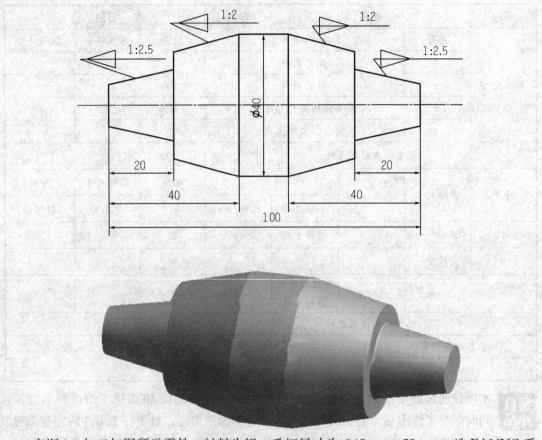

实训 3：加工如图所示零件，材料为铝，毛坯尺寸为 $\Phi45$ mm$\times75$ mm，选 FANUC 系统 CKA6140 机床，最大背吃刀量 $a_p<2.5$ mm，试编写加工程序，单位为 mm。

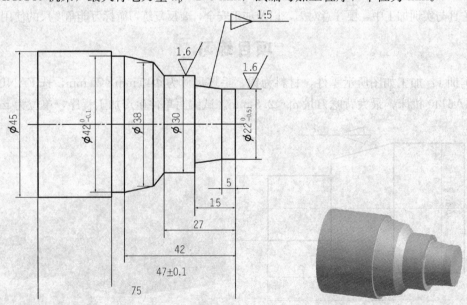

项目四 加工成形面零件

具有曲线轮廓的旋转体表面称为成形面，一般是由一段或多段圆弧组成，按其圆弧的形状可分为凹圆弧和凸圆弧。在普通车床上加工成形面，一般要使用成形刀加工或靠操作者用双手同时操作来完成；在数控车床上加工成形面，则通过程序控制圆弧插补指令进行加工。如图 4-1 所示，毛坯尺寸为 $\Phi52$ mm×65 mm。

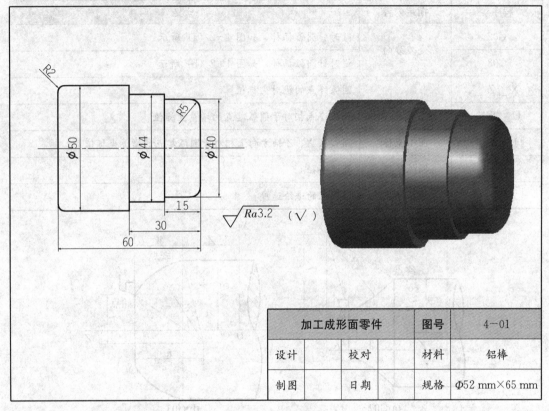

加工成形面零件		图号	4-01
设计	校对	材料	铝棒
制图	日期	规格	$\Phi52$ mm×65 mm

图 4-1 成形面零件

- 掌握 G02、G03 指令的格式及应用。
- 会制定工件的加工工艺。
- 合理选择刀具和切削用量。
- 能应用仿真软件仿真。
- 能较熟练地进行工件和刀具的装夹。
- 能较熟练地完成工件的加工。

基础知识

一、G02/G03 指令—圆弧插补指令

1. 指令格式

$$\begin{Bmatrix} G02 \\ G03 \end{Bmatrix} X(U)\_Z(W)\_ \begin{Bmatrix} R\_F\_ ; \\ I\_K\_ 。 \end{Bmatrix}$$

指令格式中各程序字的含义见表 4—1。

表 4—1　程序字的含义

程序字	指定内容	含义
G02	走刀方向	顺时针圆弧插补，如图 4—2（a）所示
G03		逆时针圆弧插补，如图 4—2（b）所示
X__Z__	终点位置	圆弧终点的绝对坐标值
U__W__		圆弧终点相对于圆弧起点的增量坐标值
I__K__	圆心坐标	圆心在 X、Z 轴方向上相对于圆弧起点的增量坐标值
R__	圆弧半径	圆弧半径
F__	进给速度	沿圆弧的进给速度

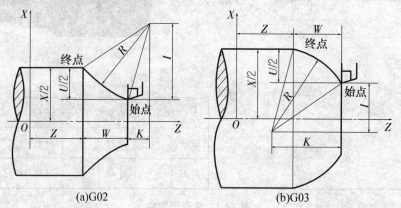

(a)G02　　　　　　　　　(b)G03

图 4—2　G02 与 G03 走刀方向

2. 指令说明

（1）顺时针圆弧与逆时针圆弧的判别。在使用圆弧插补指令时，需要判断刀具是沿顺时针方向还是沿逆时针方向加工零件。判别方法是：从圆弧所在平面（数控车床为 XZ 平面）的另一个轴（数控车床为 Y 轴）的正方向看该圆弧，顺时针方向为 G02，逆时针方向为 G03。在判别圆弧的顺逆方向时，一定要注意刀架的位置及 Y 轴的方向，如图 4—3所示。

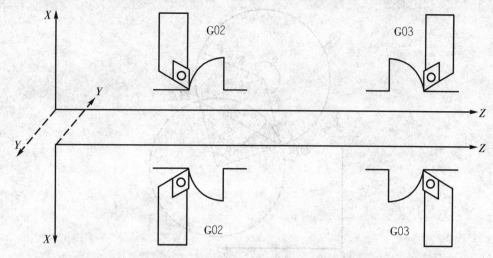

图 4-3 顺时针圆弧与逆时针圆弧的判别

（2）圆心坐标的确定。圆心坐标 I、K 值为圆弧起点到圆弧圆心的矢量在 X、Z 轴向上的投影，如图 4-4 所示。I、K 为增量值，带有正负号，且 I 值为半径值。I、K 的正负取决于该矢量方向与坐标轴方向的异同，相同的为正，相反的为负。若已知圆心坐标和圆弧起点坐标，则 $I = X_{圆心} - X_{起点}$（半径差），$K = Z_{圆心} - Z_{起点}$。图 4-4 中，I 值为 -10，K 值为 -20。

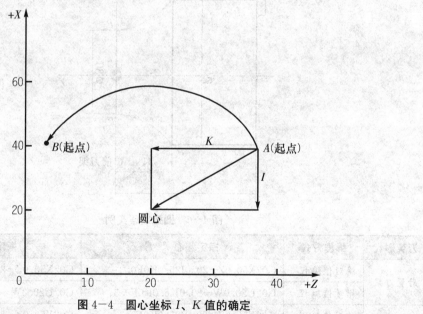

图 4-4 圆心坐标 I、K 值的确定

（3）圆弧半径的确定。圆弧半径 R 有正值与负值之分。当圆弧所对的圆心角小于或等于 $180°$ 时，R 取正值；当圆弧所对的圆心角大于 $180°$ 并小于 $360°$ 时，R 取负值，如图 4-5 所示。通常情况下，在数控车床上所加工的圆弧的圆心角小于 $180°$。

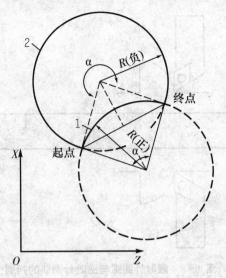

图 4-5   圆弧半径 R 正负的确定

3. 实例

编制如图 4-6 所示圆弧精加工程序。

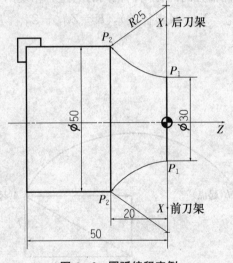

图 4-6   圆弧编程实例

刀架形式	编程方式	指定圆心 I、K	指定半径 R
后置刀架	绝对值编程	G02X50.0Z−20.0I25.0K0F0.3;	G02X50.0Z−20.0R25.0F0.3;
	增量值编程	G02U20.0W−20.0I25.0K0F0.3;	G02U20.0W−20.0R25.0F0.3;
前置刀架	绝对值编程	G02X50.0Z−20.0I25.0K0F0.3;	G02X50.0Z−20.0R25.0F0.3;
	增量值编程	G02U20.0W−20.0I25.0K0F0.3;	G02U20.0W−20.0R25.0F0.3;

二、圆弧车削加工路线

1. 车锥法

根据加工余量，采用圆锥分层切削的办法将加工余量去除后，再进行圆弧精加工，如

图 4－7（a）所示。采用这种加工路线时，加工效率高，但计算麻烦。

2．移圆法

根据加工余量，采用相同的圆弧半径，渐进地向机床的某一轴方向移动，最终将圆弧加工出来，如图 4－7（b）所示。采用这种加工路线时，编程简单，但处理不当会导致较多的空行程。

3．车圆法

在圆心不变的基础上，根据加工余量，采用大小不等的圆弧半径，最终将圆弧加工出来，如图 4－7（c）所示。

4．台阶车削法

先根据圆弧面加工出多个台阶，再车削圆弧轮廓，如图 4－7（d）所示。这种加工方法在复合固定循环中被广泛应用。

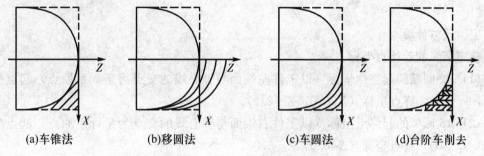

(a)车锥法　　　　(b)移圆法　　　　(c)车圆法　　　　(d)台阶车削去

图 4－7 圆弧车削加工路线

任务一　理论编程

本任务加工如图 4－8 所示零件，毛坯尺寸为 $\Phi55$ mm×65 mm，材料为铝。该零件需要加工 $\Phi50$ mm、$\Phi44$ mm 和 $\Phi40$ mm 外圆，$R5$ mm 和 $R2$ mm 圆弧，以及控制长度 15 mm、30 mm、60 mm。由于该零件含有圆弧外形，仅用 G01 指令无法满足加工要求，需要学习运用圆弧插补指令 G02、G03。

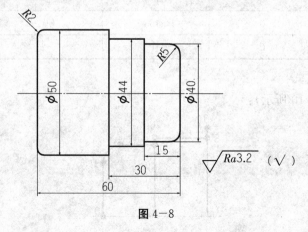

图 4－8

【步骤解析】

一、制定加工工艺

该零件需要加工 $\Phi50$ mm、$\Phi44$ mm 和 $\Phi40$ mm 外圆，$R5$ mm 和 $R2$ mm 圆弧，以及控制 15 mm、30 mm、60 mm 长度。尺寸公差为自由公差，表面粗糙度值为 $Ra3.2$ mm。

通过上述分析，可采用以下两点工艺措施：

(1) 对图样上给定尺寸，编程时全部取其基本尺寸。

(2) 由于毛坯去除余量不是太大，可按照工序集中的原则确定加工工序。其加工工序如下：车端面控制总长（可以在普通车床上加工）→粗、精车左端 $\Phi50$ mm 外圆和 $R2$ 倒角→反头装夹，粗、精车右端 $R5$ mm 圆弧、$\Phi40$ mm 和 $\Phi44$ mm 外圆。

二、尺寸计算

确定圆弧的起始点坐标

(1) $R2$ 圆弧的起终点坐标（以工件左端面与轴心线的交点为坐标系原点）起点坐标（$X46.0$，$Z0$），终点坐标（$X50.0$，$Z-2.0$）。

(2) $R5$ 圆弧的起终点坐标（以工件右端面与轴心线的交点为坐标系原点）起点坐标（$X30.0$，$Z0$），终点坐标（$X40.0$，$Z-5.0$）。

左端（如图4-9所示）：

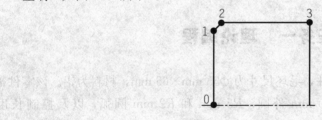

图4-9 左端

	0	1	2	3
X	0	46	50	50
Z	0	0	-2	-30

右端（如图4-10所示）：

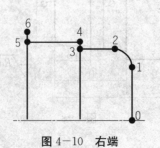

图4-10 右端

	0	1	2	3	4	5	6
X	0	30	40	40	44	44	50
Z	0	0	−5	−15	−15	−30	−30

三、刀具选择

由于工件外形简单，采用一把 90°外圆偏刀就能满足加工要求，具体见下表。

刀具卡										
课程名称			项目名称				图号			
序号	刀具号	刀偏号	刀具名称	数量	刀尖半径	刀尖方位	主轴转速 (n)	进给量 (f)	背吃刀量 (a_p)	
1	T01	01	90°外圆偏刀	1	0.4	3	500 r/min	0.2 mm/r	2.0 mm	
2	T02	02	90°外圆精车刀	1	0.4	3	800 r/min	0.08 mm/r	0.25 mm	
编制		审核		批准				共1页	第1页	

四、程序

1. 左端加工程序

O4001;

G97G99M03S500T0101;

G00G42X56.0Z2.0;

G90X51.0Z−31.0F0.2;　　　粗车 Φ50 mm 外圆

G01X46.0Z0F80;　　　刀具移至倒角起点

G03X50Z−2.0R2.0;　　　车 R2 圆弧

G01Z−31.0;　　　精车 Φ50 mm 外圆

X56.0;　　　X 向退刀

G00G40X100.0Z50.0;

M30;　　　程序结束

2. 右端加工程序

O4002;

G97G99M03S800T0101;

G00G42X56.0Z2.0;

G90X51.0Z−30.0F0.20;　　　第一次循环粗加工

X48.0;　　　第二次循环粗加工

X45.0;　　　第三次循环粗加工

X41.0Z−15.0;　　　循环粗加工 Φ40 mm 外圆

G01X36.0Z0;　　　进刀至圆弧粗加工起点

G03X46.0Z−5.0R5.0;	粗车 $R5$ 圆弧
G01Z0F0.2;	Z 向退刀
X31.0;	X 向进刀
G03X41.0Z−5.0R5.0;	粗车 $R5$ 圆弧
G01Z0;	Z 向退刀
X30.0;	X 向进刀
G03X40.0Z−5.0R5.0F0.08;	精车 $R5$ 圆弧
G01Z−15.0;	精车 $\Phi40$ mm 外圆
X44.0;	X 向退刀
Z−30.0;	精车 $\Phi44$ mm 外圆
X51.0;	X 向退刀
G00G40X100.0Z50.0;	
M30;	程序结束

采用 G71、G70 指令编制，其参考程序如下：

O4003;	
N1；（粗加工）	
G97G99M03S500;	
T0101;	
G40G00X56.0Z2.0;	
G71U2.0R0.5;	
G71P10Q11U0.5W0.1F0.2;	
N10G42G00X30.0;	
G01Z0;	
G03X40.0Z−5.0R5.0;	精车 $R5.0$ 圆弧
G01Z−15.0;	精车 $\Phi40$ mm 外圆
X44.0;	X 向退刀
Z−30.0;	精车 $\Phi44$ mm 外圆
N11G01X51.0;	X 向退刀
G00X100.0Z100.0;	
M05;	
M00;	
N2；（精加工）	
G97G99M03S800T0101F0.08;	
G40G00X56.0Z2.0;	
G70P10Q11;	精车循环
G00X100.0Z50.0;	
M30;	

将程序输入机床数控系统，校验无误后对刀加工出合格的零件。

【知识链接】

（一）外圆粗车循环 G71

G71 指令用于粗车圆柱棒料，以切除较多的加工余量。

1. 指令格式

G71U（Δd）R（e）；

G71P（ns）Q（nf）U（Δu）W（Δw）F__S__T__；

式中，Δd：径向背吃刀量，半径量，不带正负号；e：粗加工每次车削循环的 X 向退刀量，无符号；ns：精加工路线的第一个程序段号；nf：精加工路线的最后一个程序段号；Δu：X 向精加工余量（直径量）；Δw：Z 向精加工余量；F__S__T__：粗加工循环中的进给速度、主轴转速与刀具功能。

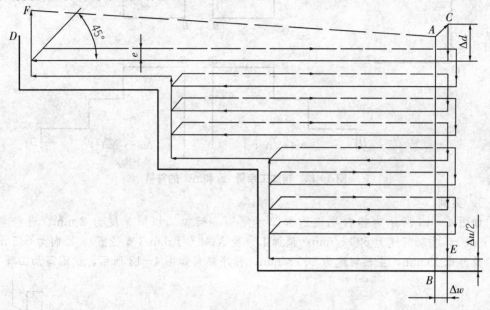

图 4—11　G71 加工路线

2. 指令说明

（1）如图 4—11 所示为 G71 粗车循环的运行轨迹，图中 A 点为粗加工循环起点，B 点为精加工路线的第一点，D 点为精加工路线的最后一点。在循环开始时，刀具首先由 A 点退到 C 点，移动 $\Delta u/2$ 和 Δw 的距离。刀具从 C 点平行于 AB 移动 Δd，开始第一刀的切削循环。第 1 步的移动是由顺序号 ns 的程序段中 G00 或 G01 指定；第 2 步切削运行用 G01 指令，当到达本段终点时，以与 Z 轴夹角 45°的方向退出；第 3 步以离开切削表面 e 的距离快速返回到 Z 轴的出发点。之后，再以切深为 Δd 进行第二刀切削，当达到精车余量时，沿精加工余量轮廓 EF 加工一刀，使精车余量均匀。最后，从 F 点快速返回到 A 点，完成一个粗车循环。

（2）在程序中，只要给出 A→B→D 之间的精加工形状及径向精车余量 Δu、轴向精车余量 Δw 及每次切削深度 Δd，即可完成 ABDA 区域的粗车工序。

（3）在 B→D 之间的移动指令中指令 F、S、T 功能，仅在精车中有效。粗车循环使用 G71 程序段或以前指令的 F、S、T 功能。当有恒线速控制功能时，在 B→D 之间移动指令中指定的 G96 或 G97 也无效，粗车循环使用 G71 程序段或以前指令的 G96 或 G97 功能。

（4）A→B 之间的刀具轨迹，由顺序号 ns 的程序段中指定，可以用 G00 或 G01 指令，但不能指定 Z 轴的移动。在程序段 ns 到 nf 中，不能调用子程序，当顺序号 ns 的程序段用 G00 移动时，在指令 A 点时，必须保证刀具在 Z 轴方向上位于零件之外。顺序号 ns 的程序段，不仅用于粗车，还要用于精车时的进刀，一定要保证进刀的安全。

数控车工技能训练项目教程

（5）$B \rightarrow D$ 之间的零件形状，X 轴和 Z 轴都必须是单调增大或减小的图形。

（6）在编程时，A 点在 $G71$ 程序段之前指令。

（7）X 向与 Z 向精加工余量 Δu 和 Δw 的符号如图 4—12 所示。

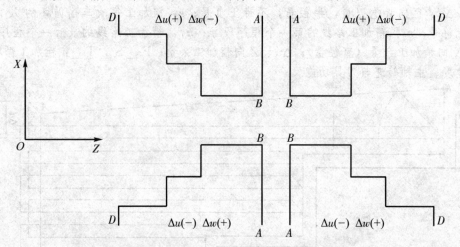

图 4—12　精加工余量 Δu 和 Δw 的符号

3. 实例

如图 4—13 所示为棒料毛坯的加工示意图。粗加工切削深度为 2 mm，进给量为 0.3 mm/r，主轴转速为 500 r/min；精加工余量 X 向为 1 mm（直径值），Z 向为 0.5 mm；进给量为 0.15 mm，主轴转速为 800 r/min；程序起点如图 4—13 所示，试编写加工程序。

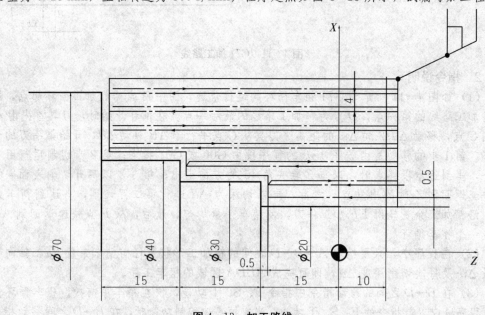

图 4—13　加工路线

其加工程序如下：

O2003;

N1;（粗加工）

G97G99M03S800;

```
T0101;
G40G00X72.0Z10.0;
G71U2.0R1.0;
G71P10Q11U1.0W0.5F0.2;
N10G42G00X20.0;
G01 Z-15.0F0.15;
    X30.0;
    Z-30.0;
    X40.0;
    Z-45.0;
N11G01X72.0;
G00X100.0Z100.0;
M05;
M00;
N2：（精加工）
G97G99M03S800T0101;
G40G00X72.0Z2.0;
G70P10Q11;
G00X100.0Z100.0;
M30;
```

（二）精加工循环指令 G70

采用 G71、G72、G73 指令进行粗车后，用 G70 指令可进行精车循环车削。

1. 指令格式

G70P（ns）Q（nf）；

式中，ns：精加工程序的第一个程序段号；nf：精加工程序的最后一个程序段号。

2. 指令说明

在精车循环 G70 状态下，ns 至 nf 程序中指定的 F、S、T 有效；如果 ns 至 nf 程序中不指定 F、S、T 时，粗车循环中指定的 F、S、T 有效。在使用 G70 精车循环时，要特别注意快速退刀路线，防止刀具与工件发生干涉。

（三）数值计算

根据零件图样，按照已确定的加工路线和允许的编程误差，计算数控系统所需输入的数据，称为数控加工的数值计算。

1. 直接计算

直接通过图样上的标注尺寸，即可获得编程尺寸。进行直接计算时，可取图样上给定的基本尺寸或极限尺寸的中值，经过简单的加、减运算后即可完成。

例如，在图 4-14（b）中，除尺寸 42.1 mm 外，其余均属直接按图 4-14（a）标注尺寸经计算后而得到的编程尺寸。其中，Φ59.94 mm、Φ20 mm 及 140.08 mm 三个尺寸为分别取两极限尺寸平均值后得到的编程尺寸。

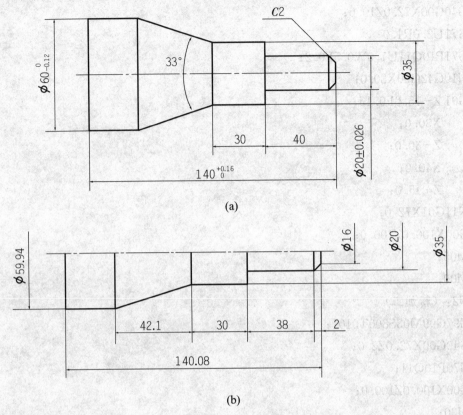

(a)

(b)

图 4-14 数值计算

【注意】

在取极限尺寸中值时，应根据数控系统的最小编程单位进行圆整。当数控系统最小编程单位规定为 0.01 mm 时，如果遇到有第三位小数值（或更多位小数），基准孔按照"四舍五入"方法，基准轴则将第三位进上。

2．间接计算

间接计算是指需要通过平面几何、三角函数等计算方法进行必要的计算后，才能得到其编程尺寸的一种方法。用间接计算方法所计算出来的尺寸，可以是直接编程时所需的基点坐标尺寸，也可以是计算某些基点坐标值所需要的中间尺寸。例如，图 4-14（b）中所示的尺寸 42.1 mm 就是通过间接计算后得到的编程尺寸。

（四）基点与节点

编制加工程序时，需要进行的坐标值计算有基点的直接计算、节点的拟合计算和刀具中心轨迹的计算等。

1．基点

（1）基点的含义。构成零件轮廓的不同几何素线的交点或切点称为基点，它可以直接作为其运行轨迹的起点或终点。如图 4-15 所示，A、B、C、E 和 F 等点都是该零件轮廓上的基点。

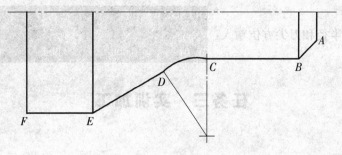

图 4—15 基点

（2）基点直接计算的内容。根据直接填写加工程序段时的要求，该内容主要有每条运行轨迹（线段）的起点或终点在选定坐标系中的各坐标值和圆弧运行轨迹的圆心坐标值。基点直接计算的方法比较简单，一般根据零件图样所给的已知条件人工完成。

2．节点

（1）节点的含义。当采用不具备非圆曲线插补功能的数控机床加工非圆曲线轮廓的零件时，在加工程序的编制工作中，常常需要用直线或圆弧去近似代替非圆曲线，称为拟合处理。拟合线段的交点或切点称为节点。如图 4—16 所示的 B_1、B_2 等点为直线拟合非圆曲线时的节点。

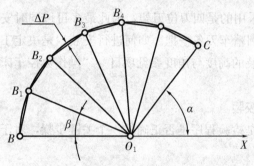

图 4—16 节点

（2）节点拟合计算的内容。节点拟合计算的难度及工作量都较大，故宜通过计算机完成，有时也可由人工计算完成，但对编程者的数学处理能力要求较高。拟合结束后，还必须通过相应的计算，对每条拟合段的拟合误差进行分析。

任务二 仿真操作

运用仿真软件进行模拟练习，同时也可以验证所编写程序的对错（参照项目二"加工阶梯轴"的仿真操作）。

【注意】

（1）仿真操作时，应严格按照实训步骤进行，特别是对刀。

（2）根据在普通机床上加工的各种方法及切削用量的选择技巧来进行仿真。

（3）将刀尖半径和刀尖方位输入：

OFFSET/WEAR		0	N	
NO.	X	Z	R	T
W 01	0.000	0.000	0.400	3

。

任务三　实训加工

【步骤解析】

一、安装工件

（1）旋开卡爪，将工件放入卡盘，同时伸出卡盘的长度要符合零件尺寸要求 30 mm。慢慢旋紧卡盘，在一个临界状态时（夹紧与未夹紧之间的状态），右手轻轻的左右匀速旋转工件（至少要旋转一周），找到一个合适的位置，同时左手慢慢旋紧卡盘。

（2）在手动方式下，使主轴正转，目测工件旋转时是否打晃。如果发现晃动，则应重新进行工件的安装。另外，也可用杠杆表检测工件是否打晃。

二、安装车刀

FANUC 数控车床采用的是四刀位刀架，因此最多可以同时安装四把刀。本项目需要 90°外圆粗车刀和 90°外圆精车刀各一把。如何进行安装，是决定工件成品是否符合精度要求的一个因素。车刀安装的高度与角度参见项目一"操作数控车床"。

三、程序的录入与校验

程序的录入与校验是检验程序是否正确的一个关键步骤，对于粗心大意而导致录入错误的有着直观的体现。

（1）程序的录入。

（2）程序的检验。

四、对刀

参照项目二中的任务二"仿真操作"。

【注意】

（1）对刀过程中一定严格按照对刀步骤进行。

（2）试切时，背吃刀量不能太大，注意图形尺寸。

（3）对刀过程要严格把关，在教师认可下才可进行加工，否则要反复练习，直到熟练为止。

五、加工

（1）单段加工。

（2）自动加工。

（3）尺寸测量。

六、项目评分表

班级		姓名		学号		日期	
基本检查	序号	检测项目			配分	学生评分	教师评分
	1	工艺文件			15		
	2	仿真操作			20		
	3	设备正确操作与维护			2		
	4	安全、文明生产			3		
基本检查结果总计					40		

序号	图样尺寸	允差/mm	量具		配分	实际尺寸	分数
			名称	规格/mm		学生测	教师测
1	$\Phi40$ mm		游标卡尺	0-150	10		
2	$\Phi44$ mm		游标卡尺	0-150	10		
3	$\Phi50$ mm		游标卡尺	0-150	10		
4	15 mm		游标卡尺	0-150	5		
5	30 mm		游标卡尺	0-150	5		
6	60 mm		游标卡尺	0-150	5		
7	$R2$ mm		R 规		5		
8	$R5$ mm		R 规		5		
9	粗糙度				5		
尺寸检测结果总计					60		

基本检查结果		尺寸检测结果		成绩	

【知识链接】——R 规

R 规，也叫 R 样板、半径规。

R 规是利用光隙法测量圆弧半径的工具。测量时，必须使 R 规的测量面与工件的圆弧完全紧密的接触。当测量面与工件的圆弧中间没有间隙时，工件的圆弧度数则为此时对应的 R 规上所表示的数字。由于是目测，故准确度不是很高，只能作为定性测量。

想一想 凹圆弧零件如何加工?

项目拓展

本任务加工如图 4-17 所示手柄零件图,毛坯尺寸为 $\Phi 20\ mm \times 85\ mm$,材料为铝。该零件左端由 $\Phi 8\ mm$ 和 $\Phi 10\ mm$ 两个外圆组成,右端由半径为 $R3\ mm$、$R29\ mm$、$R45\ mm$ 三个圆弧光滑连接而成。左端编程与加工都比较容易,右端需要计算出 $R3\ mm$、$R29\ mm$、$R45\ mm$ 三个圆弧交点处的坐标,这是本任务的学习重点和难点。

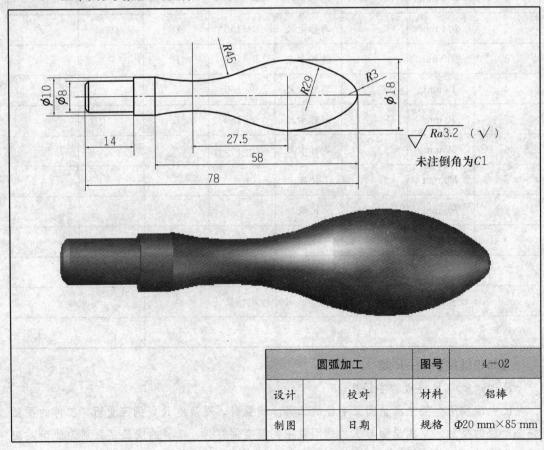

圆弧加工		图号	4—02
设计	校对	材料	铝棒
制图	日期	规格	$\Phi 20\ mm \times 85\ mm$

图 4—17

任务一 理论编程

【步骤解析】

一、制定加工工艺

该零件需要加工左端 $\Phi 8$ mm 和 $\Phi 10$ mm 两个外圆。右端需要加工半径为 $R3$ mm、$R29$ mm、$R45$ mm 三个圆弧,三个圆弧光滑连接,其加工余量较大而且又不均匀,因此比较合理的方案是先用直线和斜线加工路线车去图 4—18 中虚线所示的加工余量,再用圆弧路线进行精加工。

通过上述分析,可采用以下两点工艺措施:

(1)对图样上给定尺寸,编程时全部取其基本尺寸。

(2)按照工序集中的原则确定加工工序,其工序如下:车端面控制总长(可以在普通车床上加工)→粗精车左端 $\Phi 8$ mm、$\Phi 10$ mm 外圆和左端锥体→反头装夹,先粗车右端锥体和外圆,再用 G73 指令精车 $R3$ mm、$R29$ mm、$R45$ mm 三段圆弧。

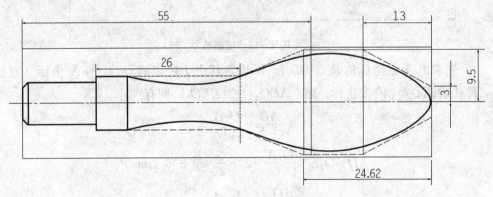

图 4—18 去除加工余量

二、相关计算

手柄右端由半径为 $R3$ mm、$R29$ mm、$R45$ mm 三个圆弧光滑连接而成。对圆弧工件编程时,必须求出圆弧起点、圆弧终点、圆弧中心三个点的坐标值。计算方法如下:

取编程零点为 W_1,并作如图 4—19 所示辅助线。

在 $\triangle O_1 E O_2$ 中

已知 $O_2 E = 29 - 9 = 20$ (mm),$O_1 O_2 = 29 - 3 = 26$ (mm),则有

$$O_1 E = \sqrt{(O_1 O_2)^2 - (O_1 E_2)^2} = \sqrt{26^2 - 20^2} \approx 16.613 \text{ (mm)}$$

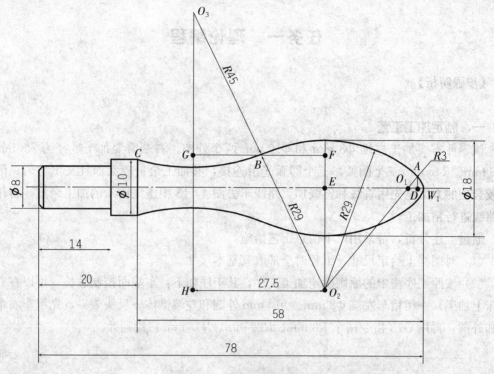

图 4-19　辅助线

（1）先求出 A 点坐标值及 O_1 的 I、K 值，其中 I 代表圆心 O_1 的 X 坐标（直径编程），K 代表圆心 O_1 的 Z 坐标。因 $\triangle ADO_1 \backsim \triangle O_2EO_1$，则有

$$\frac{AD}{O_2E} = \frac{O_1A}{O_1O_2}$$

$$AD = O_2E \times \frac{O_1A}{O_1O_2} = 20 \times \frac{3}{26} \approx 2.308 \text{（mm）}$$

$$\frac{O_1D}{O_1E} = \frac{O_1A}{O_1O_2}$$

$$O_1D = O_1E \times \frac{O_1A}{O_1O_2} = 16.613 \times \frac{3}{26} \approx 1.917 \text{（mm）}$$

得 A 的坐标值：

$$X_A = 2 \times 2.308 = 4.616 \text{（mm）（直径编程）}$$

$$DW_1 = O_1W_1 - O_1D = 3 - 1.917 = 1.083 \text{（mm）}$$

则 $Z_A = 1.083$ （mm）。

求圆心 O_1 相对于圆弧起点 W_1 的增量坐标，有

$$I_{O_1} = 0 \text{（mm）}$$

$$K_{O_1} = -3 \text{（mm）}$$

由上可知，A 的坐标值为（4.616，1.083），O_1 的 I、K 值为（0，-3）。

（2）求 B 点的坐标值及 O_2 的 I、K 值。

由 $\triangle O_2HO_3 \backsim \triangle BGO_3$，则有

$$\frac{BG}{O_2H}=\frac{O_3B}{O_3O_2}$$

$$BG=O_2H\times\frac{O_3B}{O_3O_2}=27.5\times\frac{45}{45+29}\approx16.723\ （mm）$$

$$BF=O_2H-BG=27.5-16.1723=10.777\ （mm）$$

$$W_1O_1+O_1E+BF=3+16.613+10.777=30.39\ （mm）$$

则 $Z_B=-30.39$ （mm）。

在 $\triangle O_2FB$ 中

$$O_2F=\sqrt{(O_2B)^2-(BF)^2}=\sqrt{29^2-10.777^2}\approx26.923\ （mm）$$

$$EF=O_2F-O_2E=26.923-20=6.92\ （mm）$$

因此直径编程，有

$$X_B=2\times6.923=13.846\ （mm）$$

圆心 O_2 相对于 A 点的增量坐标：

$$I_{O_2}=-(AD+O_2E)=-(2.308+20)=-22.308\ （mm）$$

$$K_{O_2}=-(O_1D+O_1E)=-(1.917+16.613)=-18.53\ （mm）$$

由上可知，B 的坐标值为 （13.846，-30.39），O_2 的 I、K 值为 （-22.308，-18.53）。

（3）求 C 点的坐标值及 O_3 的 I、K 值。

从图 4-18 可知：

$$X_C=10.00\ （mm）$$

$$Z_C=-(78-20)=-58.00\ （mm）$$

$$GO_3=\sqrt{(O_3B)^2-(GB)^2}=\sqrt{45^2-16.723^2}\approx41.777\ （mm）$$

O_3 点相对于 B 点的坐标增量：

$$I_{O_2}=41.777\ （mm）$$

$$K_{O_3}=-16.72\ （mm）$$

由上可知，C 的坐标值为 （10.00，-58.00），O_3 的 I、K 值为 （41.77，-16.72）。

三、刀具选择

根据加工需要，确定刀具，具体见下表。

刀具卡									
课程名称			项目名称				图号		
序号	刀具号	刀偏号	刀具名称	数量	刀尖半径	刀尖方位	主轴转速 (n)	进给量 (f)	背吃刀量 (a_p)
1	T01	01	90°外圆偏刀	1	0.4	3	500 r/min	0.2 mm/r	2.0 mm
2	T02	02	93°外圆精车刀	1	0.4	3	800 r/min	0.08 mm/r	0.25 mm
编制		审核		批准			共1页		第1页

四、编程

1. 左端加工程序

```
O4004;
N1; (粗加工)
G97G99M03S800;
T0101;
G40G00X22.0Z1.0;                        快速靠近工件
G71U2.0R1.0;                            工件左端粗车循环
G71P10Q11U0.5W0F0.2;                    X 向余量 0.5 mm
N10G42G00X6.0;
G01 Z0;
    X8.0Z-1.0;                          倒 C1 角
    Z-14.0;                             精车 Φ8 mm 外圆
    X10.0;
    Z-40.0;                             精车 Φ10 mm 外圆
    X20.0Z-55.0;                        车锥体
N11G01X22.0;
G00X100.0Z100.0;
M05;
M00;
N2; (精加工)
G97G99M03S800T0202F0.08;
G40G00X22.0Z1.0;
G70P10Q11;                              精车循环
G00X100.0Z50.0;
M30;                                    程序结束
```

2. 右端加工程序

```
O4005;
N1; (粗加工)
G97G99M03S500T0101;
G40G00X22.0Z1.0;                        快速靠近工件
G71U2.0R1.0;                            工件左端粗车循环
G71P20Q21U0.5W0F0.2;
N20G42G00X6.0;
G01Z0;
    X18.0Z-13.0;
    Z-25;
N21G01X22.0;
```

```
G00X100.0Z50.0；
M05；
M00；
N2：（粗加工）
G97G99M03S500T0101；
G40G00X30.0Z5.0；
G73U2.0W0R2；
G73P30Q31U0.5W0；
N30G42G00X0；
G01Z0；                                  精加工轮廓起点
G03X4.616Z−1.803R3.0；                   精加工 R3.0 圆弧
G03X13.846Z−30.39R29.0；                 精加工 R29.0 圆弧
G02X10.0Z−58.0R45.0；                    精加工 R45.0 圆弧
N31G01X20.0；
G00X100.0Z100.0；
M05；
M00；
N3：（精加工）
G97G99M03S800T0202F0.08；
G40G00X22.0Z1.0；
G70P30Q31；                              精加工指令
G00X100.0Z50.0；
M30；                                    程序结束
```

【知识链接】

(一) 固定形状粗车循环 G73

G73 指令适用于毛坯轮廓形状与零件轮廓形状基本接近的毛坯件的粗车，如一些锻件、铸件的粗车。

1. 指令格式

G73U（Δi）W（Δk）R（Δd）；

G73P（ns）Q（nf）U（Δu）W（Δw）F__ S__ T__；

式中，Δi：粗切时径向切除的总余量（半径值）；Δk：粗切时轴向切除的总余量；Δd：循环次数；其他参数含义同 G71 指令。

2. 指令说明

如图 4—20 所示为 G73 循环指令的运行轨迹。执行 G73 功能时，每一刀的切削路线的轨迹形状是相同的，只是位置不同。每走完一刀，就把切削轨迹向工件移动一个位置。因此，这对于经锻造、铸造等粗加工已初步成型的毛坯，可高效加工。

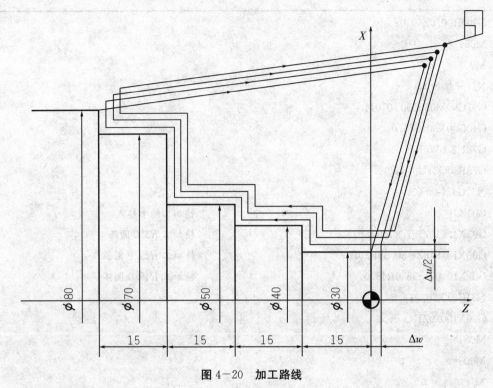

图 4—20 加工路线

G73 循环加工的轮廓形状没有单调递增或单调递减形式的限制。

3．实例

如图 4—20 所示为棒料毛坯的加工示意图。粗加工切削深度为 9 mm，进给量为 0.3 mm/r，主轴转速为 500 r/min；精加工余量 X 向为 1 mm（直径值），进给量为 0.15 mm，主轴转速为 800 r/min，用固定形状粗车循环 G73 指令编写加工程序。

其加工程序如下：

O2005；

N1；（粗加工）

G97G99M03S500T0101；

G40G00X100.0Z20.0；

G73U9.0W1.0R3；

G73P10Q11U1.0W0.5F0.3；

N10G42G00X30.0Z5.0；

G01Z—15.0F0.15；

X40.0；

Z—30.0；

X50.0；

Z—45.0；

X70.0；

Z−60.0；

N11G01X82.0；

G00X100.0Z100.0；

M05；

M00；

N2；（精加工）

G97G99M03S800T0101F0.08；

G40G00X82.0Z2.0；

G70P10Q11；

G00X100.0Z100.0；

M30；

（二）倒圆角的简化编程

在相交成直角的平行于坐标轴的两直线程序段之间，可以简单地加入倒圆角的简化编程。

1. 由 Z 轴移向 X 轴

指令格式：G01Z（W）（b）R（±r）；

如图 4−21 所示为刀具运动轨迹。刀具从 a 点出发，指令点为 b 点，但在距离 b 点为 r 的 d 点，刀具以圆弧移动到 c 点，即 $a \rightarrow d \rightarrow c$。$r$ 的符号，按下个程序段沿 X 轴的移动方向来确定。当 $b \rightarrow c$，沿 $+X$ 轴方向移动时，r 为正值；当 $b \rightarrow c$，沿 $-X$ 轴方向移动时，r 为负值。

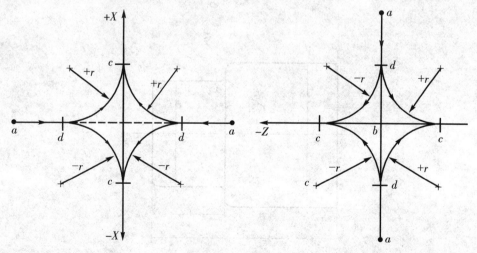

图 4−21 倒圆角

2. 由 X 轴移向 Z 轴

指令格式：G01X（U）（b）R（±r）；

如图 4−21 所示为刀具运动轨迹。刀具从 a 点出发，指令点为 b 点，但在距离 b 点为 r 的 d 点，刀具以圆弧移动到 c 点，即 $a \rightarrow d \rightarrow c$。$r$ 的符号，按下个程序段沿 Z 轴的移动方向来确定。当 $b \rightarrow c$，沿 $+Z$ 轴方向移动时，r 为正值；当 $b \rightarrow c$，沿 $-Z$ 轴方向移动时，r 为负值。

3. 倒圆角的注意事项

(1) 倒圆角时，用 G01 指令的移动轴只能有一个轴，X 轴或 Z 轴，在下个程序段，必须指令与其成直角的另一个轴，Z 轴或 X 轴。

(2) 下一个程序段是以 b 点为始点指令的，而不是 c 点，要特别注意，在增量指令时，应指令离 b 点的距离。

(3) 单程序段停止在 c 点而不在 d 点。

(4) 有的 FANUC 系统中具有简化倒圆角功能，有的系统没有简化倒圆角功能，使用时需查阅机床编程说明书。

4. 编程举例

如图 4—22 所示零件，其加工程序如下：

……

N30G01X0Z50.0F0.2；

N40X28.0R—2.0；

N50Z30.0R2.0；

N60X38.0R—2.0；

N70Z0；

……

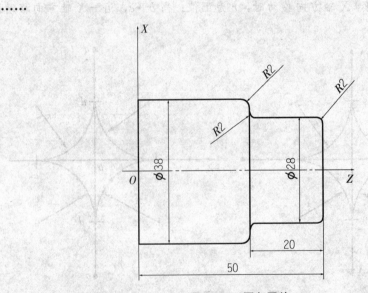

图 4—22 圆角零件

任务二 仿真操作

运用仿真软件进行模拟练习，同时也可以验证所编写程序的对错（参照项目二“加工阶梯轴"的仿真操作)。

【注意】

(1) 仿真操作时，应严格按照实训步骤进行，特别是对刀。

(2) 根据在普通机床上加工的各种方法及切削用量的选择技巧来进行仿真。

(3) 将刀尖半径和刀尖方位输入：

OFFSET/WEAR		0	N	
NO.	X	Z	R	T
W 01	0.000	0.000	0.400	3

任务三　实训加工

【步骤解析】

一、安装工件

(1) 旋开卡爪，将工件放入卡盘，同时伸出卡盘的长度要符合零件尺寸要求 30 mm。慢慢旋紧卡盘，在一个临界状态时（夹紧与未夹紧之间的状态），右手轻轻的左右匀速旋转工件（至少要旋转一周），找到一个合适的位置，同时左手慢慢旋紧卡盘。

(2) 在手动方式下，使主轴正转，目测工件旋转时是否打晃。如果发现晃动，则应重新进行工件的安装。另外，也可用杠杆表检测工件是否打晃。

二、安装车刀

FANUC 数控车床采用的是四刀位的刀架，因此最多可以同时安装四把刀。本项目需要 90°外圆粗车刀和 90°外圆精车刀各一把。如何进行安装，是决定工件成品是否符合精度要求的一个因素。车刀安装的高度与角度参见项目一"操作数控车床"。

三、程序的录入与校验

程序的录入与校验是检验程序是否正确的一个关键步骤，对于粗心大意而导致录入错误的有着直观的体现。

(1) 程序的录入。

(2) 程序的检验。

四、对刀

参照项目二中的任务二"仿真操作"。

【注意】

(1) 对刀过程中一定严格按照对刀步骤进行。

(2) 试切时，背吃刀量不能太大，注意图形尺寸。

(3) 对刀过程要严格把关，在教师认可下才可进行加工，否则要反复练习，直到熟练为止。

五、加工

（1）单段加工。

（2）自动加工。

（3）尺寸测量。

六、项目评分表

班级		姓名		学号		日期	
基本检查	序号	检测项目			配分	学生评分	教师评分
	1	工艺文件			15		
	2	仿真操作			20		
	3	设备正确操作与维护			2		
	4	安全、文明生产			3		
基本检查结果总计					40		

序号	图样尺寸	允差/mm	量具		配分	实际尺寸	分数
			名称	规格/mm		学生测	教师测
1	$\Phi18\,mm$		游标卡尺	0—150	10		
2	$\Phi18\,mm$		游标卡尺	0—150	10		
3	$\Phi10\,mm$		游标卡尺	0—150	10		
4	15 mm		游标卡尺	0—150	5		
5	30 mm		游标卡尺	0—150	5		
6	$R45\,mm$		游标卡尺	0—150	5		
7	$R29\,mm$		R 规		5		
8	$R3\,mm$		R 规		5		
9	粗糙度				5		
尺寸检测结果总计					60		

基本检查结果	尺寸检测结果	成绩

项目小结 本项目通过一个阶梯轴手柄的编程与加工，学会了 G02、G03 这两个指令的应用，同时对于一个零件的完整编程也有了深刻的认识。其中，程序的格式以及编程的步骤应重点记忆，特别是加工的过程，即走刀的路线一定要明白。

　　仿真与实训加工中，要注意对刀，以及加工安全，同时要强调利用磨耗来进行尺寸精度的保证，要反复练习游标卡尺的使用。

项目练习

　　实训 1：加工如图 4-23 所示零件，材料为铝，最大背吃刀量 $a_p < 2.5$ mm。试编写单件生产加工程序，单位为 mm。

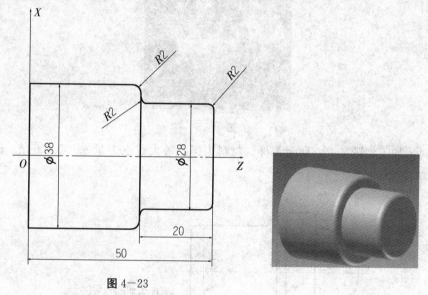

图 4-23

　　实训 2：加工如图 4-24 所示零件，材料为铝，最大背吃刀量 $a_p < 2.5$ mm。试编写加工程序，单位为 mm。

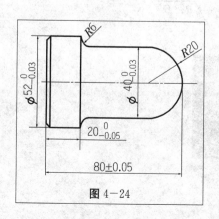

图 4-24

毛坯为 $\Phi 55 \times 85$ mm。
未注倒角为 C_1。
材料：铝。

实训 3：加工如图 4-25 所示零件，材料为铝，最大背吃刀量 $a_p < 2.5$ mm。试编写加工程序，单位为 mm。

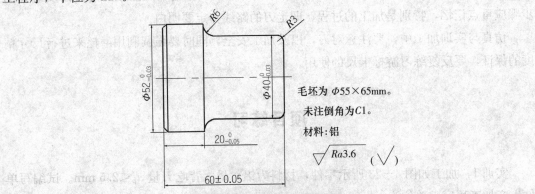

毛坯为 $\phi 55 \times 65$ mm。

未注倒角为 $C1$。

材料：铝

$\sqrt{Ra3.6}$ ($\sqrt{}$)

图 4-25

实训 4：加工如图 4-26 所示零件，材料为铝，最大背吃刀量 $a_p < 2.5$ mm。试编写加工程序，单位为 mm。

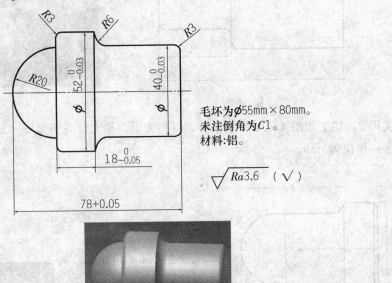

毛坯为 $\phi 55$ mm $\times 80$ mm。

未注倒角为 $C1$。

材料：铝。

$\sqrt{Ra3.6}$ ($\sqrt{}$)

图 4-26

项目五　加工轴类综合零件

本项目介绍的轴类零件有凸圆弧面、凹圆弧面、圆柱面和圆锥面，是一个比较综合的零件。此类零件应用 G71 指令完成，可以大大减轻编程的工作量。因此应熟练掌握 G71 指令的指令格式和应用。

图 5-1 是一个综合轴类零件的实例。这个零件需要调头加工，要求先手工编程、仿真，最后到车间进行实训加工。

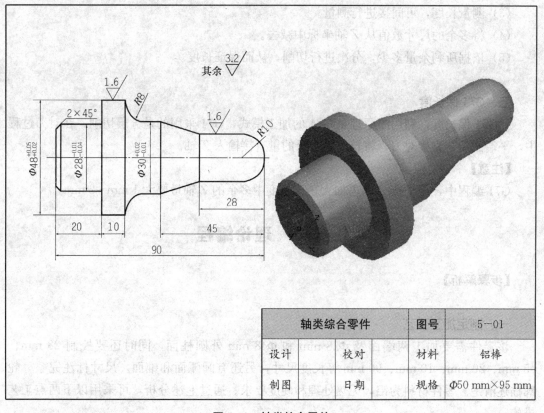

轴类综合零件		图号	5-01
设计	校对	材料	铝棒
制图	日期	规格	Φ50 mm×95 mm

图 5-1　轴类综合零件

 学习目标

● 掌握 G71 指令的格式及各项含义，会应用 G71 指令编写加工程序。
● 学会如何保长度。
● 熟悉工艺过程的编制规律。
● 能熟练地完成工件的调头加工。
● 能熟练操作 FANUC 系统的数控车床进行实训加工。

基础知识

在数控加工中，一个完整的零件往往都有总长要求，大多情况下公差要求在 0.1 左右，如何保长度，在本项目中做讲解。

一、手动保长度

长度的保证，是在零件掉头后进行的。可用手动的方式进行保长度，方式如下：

（1）打开"位置"界面，找到 Z 轴的位置坐标。

（2）平端面，注意根据零件的长短先少平一点。

（3）测量长度，可间接进行测量。

（4）将多余的尺寸数值从 Z 轴坐标中减去。

（5）依据所剩余量多少，分次进行切削，从而保证长度。

二、G71 保长度

G71 保长度，利用的原理是 G71 的加工模式，G71 采用的是分层切削，在对刀过程中，平端面后，直接对刀，将长度中多余的量直接输入 Z 轴。

【注意】

G71 编程中，循环点 Z 轴需加大，比长度中多余的 Z 轴量要大 1 mm～2 mm。

任务一　理论编程

【步骤解析】

一、制定加工工艺

该零件需要加工两端面及 Φ28 mm 和 Φ48 mm 外圆柱面，同时还要控制 28 mm、45 mm、20 mm、10 mm、90 mm 等长度尺寸，另还有圆弧面和锥面。尺寸标注完整，轮廓描述清楚。零件材料为铝，无热处理和硬度要求。通过上述分析，可采用以下两点工艺措施：

（1）对图样上给定尺寸，编程时全部取其中值。

（2）由于该零件外圆尺寸精度要求较高，毛坯去除余量不均匀且较大，按先粗后精、先主后次的加工原则，确定加工路线。其加工路线为：车端面（可以在普车上加工）→粗车左侧两外圆→精车左端 Φ28 mm、Φ48 mm 外圆→反头装夹粗车右端外圆、圆锥面、圆弧面→反头精车右端外圆、圆锥面和圆弧面。

加工步骤如下：

左端：

（1）用三爪自定心卡盘夹住毛坯 Φ50 mm 外圆，外伸 45 mm，找正。

（2）对刀，以工件的左端面与主轴回转中心线的交点为原点建立工件坐标系。

（3）粗车 $\Phi48$ mm、$\Phi28$ mm 的外圆留 0.5 mm 的精加工余量。

（4）精车 $\Phi28$ mm、$\Phi48$ mm 的外圆至尺寸要求，完成左侧台阶零件的加工。

右端：

（1）调头装夹，用三爪自定心卡盘夹住 $\Phi28$ mm 外圆，找正。

（2）测量、对刀、保长度。以工件的右端面与主轴回转中心线的交点为原点建立工件坐标系。

（3）粗车外轮廓，留 0.5 mm 的精加工余量。

（4）精车外轮廓至尺寸要求，完成右侧台阶零件的加工。

二、尺寸计算

左端（如图 5-3 所示）：

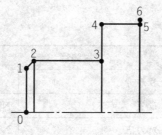

图 5-3

	0	1	2	3	4	5	6	对刀点
X	0	23.975	27.975	27.975	48.035	48.035	50.0	52.0
Z	0	0	-2.0	-20.0	-20.0	-35.0	-35.0	2.0

右端（如图 5-4 所示）：

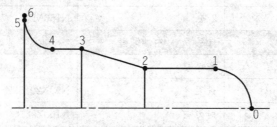

图 5-4

	0	1	2	3	4	5	6	对刀点
X	0	20.0	20.0	29.99	29.99	45.99	48.035	52.0
Z	0	-10.0	-28.0	-45.0	-52.0	-60.0	-60.0	2.0

三、刀具选择

				刀具卡						
课程名称				项目名称				图号		
序号	刀具号	刀偏号	刀具名称	数量	刀尖半径	刀尖方位	主轴转速 (n)	进给量 (f)	背吃刀量 (a_p)	
1	T01	01	90°外圆偏刀	1	0.4	3	500 r/min	0.2 mm/r	2.0 mm	
2	T02	02	93°外圆精车刀	1	0.4	3	800 r/min	0.08 mm/r	0.25 mm	
编制		审核			批准			共1页	第1页	

四、编程

左端编程			
O0001;	程序号		
N10G97G99M03S500T0101F0.2;	设置	N90Z−20.0;	3点
N20G00X52.0Z2.0;	对刀点	N100X48.035;	4点
N30G71U2.5R0.5;	设置背吃刀量和退刀量	N110Z−35.0;	5点
N40G71P50Q120U0.5W0.05;	设置循环起始端、终止端和精车余量	N120X52.0;	6点
N50G00X0S800;	进刀	G70P50Q120;	精加工
N60G01Z0F0.08;	进到坐标原点	N130G00Z2.0;	退刀
N70X23.975;	到达1点	N140G00X100.0Z100.0;	返回换刀点
N80X27.975Z−2.0;	2点	N150M30;	程序结束
右端编程			
O0002;	程序号		
N10G97G99M03S500T0101;	设置	N90X29.99Z−45.0;	3点
N20G00X52.0Z2.0;	对刀点	N100Z52.0;	4点
N30G71U2.5R0.5;	设置背吃刀量和退刀量	N110G02X45.99Z−60.0R8.0;	5点
N40G71P50Q120U0.5W0.05;	设置循环起始端、终止端和精车余量	N120G01X52.0;	6点
N50G00X0S800;	进刀	G70P50Q120;	精加工

N60G01Z0F0.08；	进到坐标原点	N130G00Z2.0；	退刀
N70G03X20.0Z−10.0R10.0；	到达 1 点	N140G00X100.0Z100.0；	返回换刀点
N80G01Z−28.0；	2 点	N150M30；	程序结束

任务二 仿真操作

运用仿真软件进行模拟练习，同时也可以验证所编写程序的对错（参照项目二"加工阶梯轴"的仿真操作）。

【注意】

（1）仿真操作时，应严格按照实训步骤进行，特别是对刀。

（2）根据在普通机床上加工的各种方法及切削用量的选择技巧来进行仿真。

任务三 实训加工

【步骤解析】

一、安装工件

（1）旋开卡爪，将工件放入卡盘，同时伸出卡盘的长度要符合零件尺寸要求 30 mm。慢慢旋紧卡盘，在一个临界状态时（夹紧与未夹紧之间的状态），右手轻轻的左右匀速旋转工件（至少要旋转一周），找到一个合适的位置，同时左手慢慢旋紧卡盘。

（2）在手动方式下，使主轴正转，目测工件旋转时是否打晃。如果发现晃动，则应重新进行工件的安装。另外，也可用杠杆表检测工件是否打晃。

二、安装车刀

FANUC 数控车床采用的是四刀位刀架，因此最多可以同时安装四把刀。本项目需要90°外圆粗偏刀一把，93°外圆精车刀一把。

三、程序的录入与校验

（1）程序录入：

①在程序编辑状态下新建文件夹，并以 O 开头命名。

②注意随时保存程序。

（2）程序检验。

四、对刀

参照项目二中的任务二"仿真操作"。

数控车工技能训练项目教程

五、外圆加工

（1）单段加工。

（2）自动加工。将机床置于"自动"状态，调出所编程序，打开"循环启动"按钮，进行自动加工。

（3）尺寸测量。

六、项目评分表

班级		姓名		学号		日期	
基本检查	序号	检测项目			配分	学生评分	教师评分
	1	工艺文件			15		
	2	仿真操作			20		
	3	设备正确操作与维护			2		
	4	安全、文明生产			3		
		基本检查结果总计			40		
序号	图样尺寸	允差/mm	量具		配分	实际尺寸	分数
			名称	规格/mm		学生测	教师测
1	Φ30 mm	0.03	千分尺	25—50	10		
2	Φ28 mm	0.03	千分尺	25—50	10		
3	Φ48 mm	0.03	千分尺	25—50	10		
4	28 mm		游标卡尺	0—150	3		
5	45 mm		游标卡尺	0—150	3		
6	10 mm		游标卡尺	0—150	3		
7	20 mm		游标卡尺	0—150	3		
8	90 mm		游标卡尺	0—150	8		
9	R8 mm		R规		3		
10	R10 mm		R规		3		
11	倒角		目测		1		
12	粗糙度		目测		3		

尺寸检测结果总计		60	
基本检查结果	尺寸检测结果		成绩

【知识链接】——螺旋测微量具

应用螺旋测微原理制成的量具，称为螺旋测微量具。其测量精度比游标卡尺高，并且测量比较灵活，常应用在加工精度要求较高的零件测量上。常用的螺旋测微量具有百分尺和千分尺。百分尺的读数值为 0.01 mm，千分尺的读数值为 0.001 mm。在实际使用中，人们习惯把百分尺和千分尺统称为百分尺或分厘卡。由于目前车间里大量使用的是读数值为 0.01 mm 的百分尺，故在这里主要介绍这种百分尺，另适当介绍一下千分尺的使用知识。

百分尺的种类很多，机械加工车间常用的有外径百分尺、内径百分尺、深度百分尺以及螺纹百分尺和公法线百分尺等，分别测量或检验零件的外径、内径、深度、厚度以及螺纹的中径和齿轮的公法线长度等。

（一）外径百分尺的结构

各种百分尺的结构大同小异，常用外径百分尺是用来测量或检验零件的外径、凸肩厚度以及板厚或壁厚等（测量孔壁厚度的百分尺，其量面呈球弧形）。百分尺由尺架、测微头、测力装置和制动器等组成。图 5-5 是测量范围为 0~25 mm 的外径百分尺。尺架 1 的一端装着固定测砧 2，另一端装着测微头。固定测砧和测微螺杆的测量面上都镶有硬质合金，以提高测量面的使用寿命。尺架的两侧面覆盖着绝热板 12，使用百分尺时，手拿在绝热板上，防止人体的热量影响百分尺的测量精度。

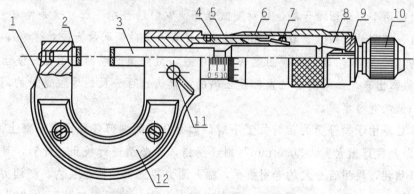

图 5-5 0~25 mm 外径百分尺

1—尺架；2—固定测砧；3—测微螺杆；4—螺纹轴套；5—固定刻度套筒；
6—微分筒；7—调节螺母；8—接头；9—垫片；10—测力装置；11—锁紧螺钉；12—绝热板

（二）百分尺的读数方法

在百分尺的固定套筒上刻有轴向中线，作为微分筒读数的基准线。另外，为了计算测微螺杆旋转的整数转，在固定套筒中线的两侧，刻有两排刻线，刻线间距均为 1 mm，上下两排相互错开 0.5 mm。

百分尺的具体读数方法可分为三步：

（1）读出固定套筒上露出的刻线尺寸，一定要注意不能遗漏应读出的 0.5 mm 的刻线值。

（2）读出微分筒上的尺寸，要看清微分筒圆周上哪一格与固定套筒的中线基准对齐，将格数乘 0.01 mm 即得微分筒上的尺寸。

（3）将上面两个数相加，即为百分尺上测得尺寸。

如图 5-6 所示，在固定套筒上读出的尺寸为 8 mm，微分筒上读出的尺寸为 27（格）×0.01 mm＝0.27（mm），上两数相加即得被测零件的尺寸为 8.27 mm；图 5-6（b），在固定套筒上读出的尺寸为 8.5 mm，在微分筒上读出的尺寸为 27（格）×0.01 mm＝0.27（mm），上两数相加即得被测零件的尺寸为 8.77 mm。

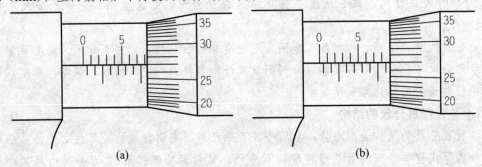

图 5-6 百分尺的读数

（三）校正百分尺的零位

百分尺如果使用不妥，零位就要走动，使测量结果不正确，容易造成产品质量事故。所以，在使用百分尺的过程中，应当校对百分尺的零位。所谓"校对百分尺的零位"，就是把百分尺的两个测砧面揩干净，转动测微螺杆使它们贴合在一起（这是指 0~25 mm 的百分尺而言，若测量范围大于 0~25 mm 时，应该在两测砧面间放上校对样棒），检查微分筒圆周上的"0"刻线，是否对准固定套筒的中线，微分筒的端面是否正好使固定套筒上的"0"刻线露出来。如果两者位置都是正确的，就认为百分尺的零位是对的，否则就要进行校正，使之对准零位。

如果零位是由于微分筒的轴向位置不对，如微分筒的端部盖住固定套筒上的"0"刻线，或"0"刻线露出太多，"0.5 mm"刻线搞错，就必须进行校正。此时，可用制动器把测微螺杆锁住，再用百分尺的专用扳手，插入测力装置轮轴的小孔内，把测力装置松开（逆时针旋转），微分筒就能进行调整，即轴向移动一点，使固定套筒上的"0"刻线正好露出来，同时使微分筒的"0"刻线对准固定套筒的中线，然后把测力装置旋紧。

如果零位是由于微分筒的"0"刻线没有对准固定套筒的中线，也必须进行校正。此时，可用百分尺的专用扳手，插入固定套筒的小孔内，把固定套筒转过一点，使之对准"0"刻线。

但当微分筒的"0"刻线相差较大时，不应采用此法调整，而应采用松开测力装置转动微分筒的方法来校正。

（四）百分尺的使用方法

百分尺使用得是否正确，对保持精密量具的精度和保证产品质量的影响很大，指导人员和实习学生都必须重视量具的正确使用，使测量技术精益求精，从而获得正确的测量结果，确保产品质量。

使用百分尺测量零件尺寸时，必须注意下列 10 点：

（1）使用前，应把百分尺的两个测砧面揩干净，转动测力装置，使两测砧面接触（若测量上限大于 25 mm 时，在两测砧面之间放入校对量杆或相应尺寸的量块），接触面上应没有间隙和漏光现象，同时微分筒和固定套筒要对准零位。

（2）转动测力装置时，微分筒应能自由灵活地沿着固定套筒活动，没有任何轧卡和不灵活的现象。如果有活动不灵活的现象，应送计量站及时检修。

（3）测量前，应把零件的被测量表面揩干净，以免有脏物存在而影响测量精度。绝对不允许用百分尺测量带有研磨剂的表面，以免损伤测量面的精度。用百分尺测量表面粗糙的零件亦是错误的，这样易使测砧面过早磨损。

（4）用百分尺测量零件时，应当手握测力装置的转帽来转动测微螺杆，使测砧表面保持标准的测量压力，即听到嘎嘎的声音，表示压力合适，并可开始读数。要避免因测量压力不均匀而产生的测量误差。

绝对不允许用力旋转微分筒来增加测量压力，使测微螺杆过分压紧零件表面，致使精密螺纹因受力过大而发生变形，损坏百分尺的精度。有时用力旋转微分筒后，虽然因微分筒与测微螺杆之间的连接不牢固，对精密螺纹的损坏不严重，但是微分筒打滑后，百分尺的零位走动了，就会造成质量事故。

（5）使用百分尺测量零件时（图 5-7），要使测微螺杆与零件被测量的尺寸方向一致。如测量外径时，测微螺杆要与零件的轴线垂直，不要歪斜。测量时，可在旋转测力装置的同时，轻轻地晃动尺架，使测砧面与零件表面接触良好。

（6）用百分尺测量零件时，最好在零件上进行读数，放松后取出百分尺，这样可减少测砧面的磨损。如果必须取下读数时，应用制动器锁紧测微螺杆后，再轻轻滑出零件。把百分尺当卡规使用是错误的，因这样做不但易使测量面过早磨损，甚至会使测微螺杆或尺架发生变形而失去精度。

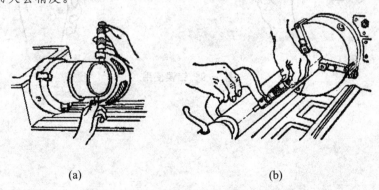

(a)   (b)

图 5-7 在车床上使用外径百分尺的方法

（7）在读取百分尺上的测量数值时，要特别留心不要读错 0.5 mm。

（8）为了获得正确的测量结果，可在同一位置上再测量一次。尤其是测量圆柱形零件时，应先在同一圆周的不同方向测量几次，检查零件外圆有没有圆度误差；再在全长的各个部位测量几次，检查零件外圆有没有圆柱度误差。

（9）对于超常温的工件，不要进行测量，以免产生读数误差。

（10）用单手使用外径百分尺时，如图5-8（a）所示，可用大拇指和食指或中指捏住活动套筒，小指勾住尺架并压向手掌上，大拇指和食指转动测力装置就可测量。用双手测量时，可按图5-8（b）所示的方法进行。

值得提出的是几种使用外径百分尺的错误方法，比如用百分尺测量旋转运动中的工件，很容易使百分尺磨损，而且测量也不准确；又如贪图快一点得出读数，握着微分筒来回转动（图5-9）等，这同碰撞一样，也会破坏百分尺的内部结构。

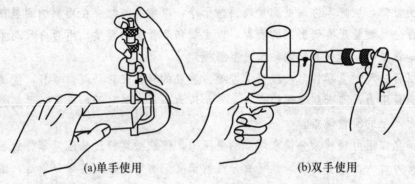

(a)单手使用　　　　　　　　(b)双手使用

图5-8　正确使用

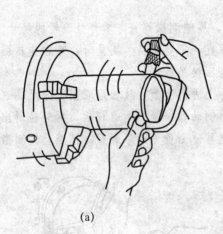

(a)　　　　　　　　　　(b)

图5-9　错误使用

项目拓展

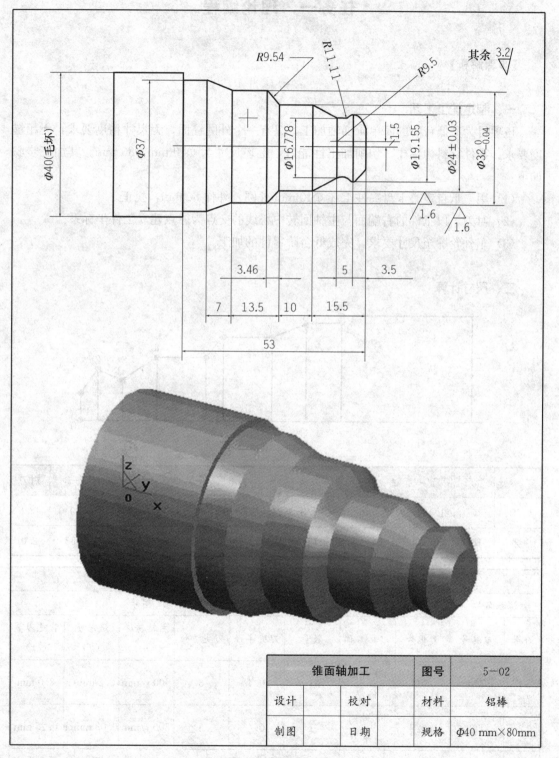

锥面轴加工		图号	5—02
设计	校对	材料	铝棒
制图	日期	规格	$\Phi 40\ mm \times 80mm$

图 5—10　轴类拓展

任务一 理论编程

【步骤解析】

一、制定加工工艺

该项目为高低台阶的简单阶梯轴加工，只有一个外圆柱面，无尺寸精度要求，无粗糙度要求。零件材料为铝棒，切削加工性能好，毛坯尺寸为 Φ40 mm×80 mm。其加工步骤如下：

（1）用三爪自定心卡盘夹住毛坯 Φ40 mm 外圆，外伸 60 mm，找正。

（2）对刀，以工件的右端面与主轴回转中心线的交点为原点建立工件坐标系。

（3）车外轮廓至尺寸要求，完成低台阶零件的加工。

二、尺寸计算

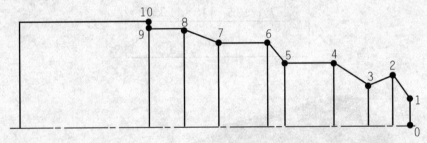

图 5—11

	0	1	2	3	4	5	6	7	8	9	10	对刀
X	0	11.484	19.155	16.778	24.0	24.0	31.98	31.98	37.0	37.0	40.0	42.0
Z	0	0	−3.5	−8.5	−15.5	−25.5	−28.96	−39.0	−46.0	−53.0	−53.0	2.0

刀具卡										
课程名称			项目名称				图号			
序号	刀具号	刀偏号	刀具名称	数量	刀尖半径	刀尖方位	主轴转速 (n)	进给量 (f)	背吃刀量 (a_p)	
1	T01	01	90°外圆偏刀	1	0.4	3	500 r/min	0.2 mm/r	2.0 mm	
2	T02	02	93°外圆精车刀	1	0.4	3	800 r/min	0.08 mm/r	0.25 mm	
编制		审核		批准				共1页	第1页	

四、编程

O0001;	
N10G97G99M03S500T0101F0.2;	N110Z25.5;
N20G00X42.0Z2.0;	N120G03X31.98Z−28.96R9.54;
N30G71U2.5R0.5;	N130G01Z−39.0;
N40G71P50Q160U0.5W0.05;	N140X37.0Z−46.0;
N50G00X0;	N150X37.0Z−53.0;
N60G01Z0;	N160X40.0;
N70X11.484;	N170G70P50Q160;
N80G03X19.155Z−3.5R9.5;	N180G00Z2.0;
N90G02X16.778Z−8.5R11.11;	N190X100.0Z100.0;
N100G01X24.0Z−15.5;	N200M30;

任务二　仿真操作

运用仿真软件进行模拟练习，同时也可以验证所编写程序的对错（参照项目二"加工阶梯轴"中的仿真操作）。

【注意】

（1）仿真操作时，应严格按照实训步骤进行，特别是对刀。

（2）根据在普通机床上加工的各种方法及切削用量的选择技巧来进行仿真。

任务三　实训加工

【步骤解析】

一、安装工件

（1）旋开卡爪，将工件放入卡盘，同时伸出卡盘的长度要符合零件尺寸要求 30 mm。慢慢旋紧卡盘，在一个临界状态时（夹紧与未夹紧之间的状态），右手轻轻的左右匀速旋转工件（至少要旋转一周），找到一个合适的位置，同时左手慢慢旋紧卡盘。

（2）在手动方式下，使主轴正转，目测工件旋转时是否打晃。如果发现晃动，则应重新进行工件的安装。另外，也可用杠杆表检测工件是否打晃。

二、安装车刀

FANUC 数控车床采用的是四刀位刀架，因此最多可以同时安装四把刀。本项目需要

90°外圆粗偏刀一把、93°外圆精车刀一把。

三、程序的录入与校验

（1）程序录入：

①在程序编辑状态下新建文件夹，并以O开头命名。

②注意随时保存程序。

（2）程序检验。

四、对刀

参照项目二中的任务二"仿真操作"。

五、外圆加工

（1）单段加工。

（2）自动加工。将机床置于"自动"状态，调出所编程序，打开"循环启动"按钮，进行自动加工。

（3）尺寸测量。

六、项目评分表

班级		姓名		学号		日期	
	序号		检测项目		配分	学生评分	教师评分
基本检查	1		工艺文件		15		
	2		仿真操作		20		
	3		设备正确操作与维护		2		
	4		安全、文明生产		3		
基本检查结果总计					40		

序号	图样尺寸	允差/mm	量具		配分	实际尺寸	分数
			名称	规格/mm		学生测	教师测
1	Φ24 mm	0.06	千分尺	0—25	10		
2	Φ32 mm	0.04	千分尺	25—50	10		
3	Φ37 mm		千分尺	25—50	8		
4	3.5 mm		游标卡尺	0—150	3		
5	5 mm		游标卡尺	0—150	3		

6	15.5 mm		游标卡尺	0—150	3	
7	10 mm		游标卡尺	0—150	3	
8	13.5 mm		游标卡尺	0—150	3	
9	7 mm		游标卡尺	0—150	3	
10	53 mm		游标卡尺	0—150	3	
11	$R9.54$ mm		R 规		3	
12	$R11.11$ mm		R 规		3	
13	$R9.5$ mm		R 规		3	
14	粗糙度		目测		2	
尺寸检测结果总计					60	
基本检查结果		尺寸检测结果			成绩	

项目小结 本项目通过一个阶梯轴的编程与加工，学会了 G71、G70 指令的应用，同时对于一个零件的完整编程也有了深刻的认识。其中，程序的格式以及编程的步骤应重点记忆，特别是加工的过程，即走刀的路线一定要明白。

仿真与实训加工中，要注意对刀以及加工安全，同时要强调利用磨耗来进行尺寸精度的保证，要反复练习游标卡尺的使用。

项目练习

实训 1：加工如图 5—9 所示零件，毛坯为 $\Phi55$ mm×85 mm，材料为铝，最大背吃刀量 $a_p < 2.5$ mm。试编写零件生产加工程序，单位为 mm。

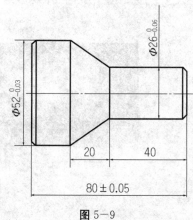

图 5—9

实训2：加工如图 5-10 所示零件，材料为铝，最大背吃刀量 $a_p < 2.5$ mm。试编写加工程序，单位为 mm。

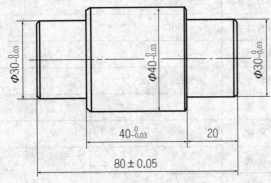

图 5-10

实训3：加工如图 5-11 所示零件，材料为铝，最大背吃刀量 $a_p < 2.5$ mm。试编写加工程序，单位为 mm。

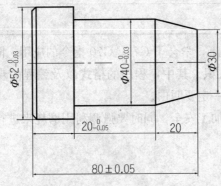

图 5-11

实训4：加工如图 5-12 所示零件，材料为铝，最大背吃刀量 $a_p < 2.5$ mm。试编写加工程序，单位为 mm。

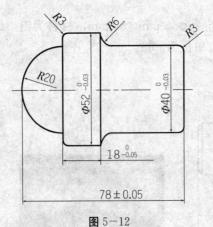

图 5-12

项目六　加工槽

根据槽的宽度可把槽分为窄槽和宽槽。

本任务加工如图 6-1 所示零件，毛坯尺寸为 $\Phi40\ mm \times 75\ mm$，材料为铝。该零件需要加工两端面及端面处 C1 倒角、外圆和 5 mm×4 mm 窄槽。

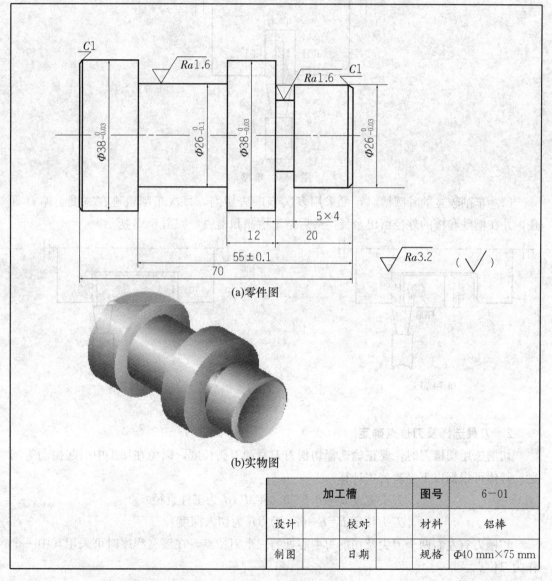

(a)零件图

(b)实物图

加工槽		图号	6-01
设计	校对	材料	铝棒
制图	日期	规格	$\Phi40\ mm \times 75\ mm$

图 6-1　槽

学习目标

● 学会编制槽加工程序。

● 学会加工窄槽和宽槽零件。

● 掌握 G04 指令的含义、格式及应用。

基础知识

一、槽加工工艺

1. 外圆槽加工方法

（1）车削精度不高的窄槽时，可选用刀宽等于槽宽的车槽刀，用直进法一次车出。精度要求较高时，切槽至尺寸后，可使刀具在槽底暂停几秒钟，光整槽底，如图 6-2 所示。

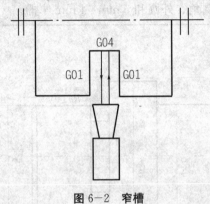

图 6-2　窄槽

（2）车削较宽的外圆槽时，可采用多次直进法切削，每次车削轨迹在宽度上略有重叠，并在槽壁和槽的外径留出余量，最后精车槽侧和槽底，如图 6-3 所示。

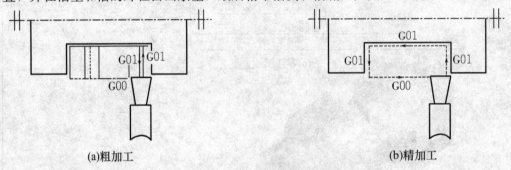

(a)粗加工　　　　　　　　　　　　　　　(b)精加工

图 6-3　宽槽

2. 刀具选择及刀位点确定

切槽选用切槽刀时，要正确选择切槽刀刀宽和刀头长度，以免在加工中引起振动等问题。具体可根据以下经验公式计算：

$$刀头宽度\ a \approx (0.5 \sim 0.6)Ad\quad (d\ 为工件直径)$$

$$刀头长度\ L = h + (2 \sim 3)\quad (h\ 为切入深度)$$

切槽刀有左右两个刀尖及切削刃中心处的三个刀位点，在编写程序时可采用其中一个作为刀位点。

3. 切槽加工中的注意事项

（1）整个切槽加工程序中应采用同一个刀位点。

（2）注意合理安排切槽进退刀路线，避免刀具与零件相撞。进刀时，先 Z 方向进刀，再 X 方向进刀；退刀时，先 X 方向退刀，再 Z 方向退刀。

（3）切槽时，刀刃宽度、切削速度和进给量都不宜选太大，以免产生振动，影响加工质量。

二、进给暂停指令 G04

1. 指令格式

G04X __ ；

G04U __ ；

G04P __ ；

2. 指令说明

（1）G04 指令为非模态指令，该指令使刀具做短时间的无进给（主轴不停转）光整加工，然后再退刀，可获得平整而光滑的表面，用于车槽、镗孔、锪孔等场合。

（2）暂停时间由 X、U、P 后面的数据指定。X、U 后可用带小数点的数，单位是 s；P 后面的数据不允许用小数点，单位是 ms。

3. 实例

加工如图 6-4 所示零件，毛坯尺寸为 $\Phi65mm \times 90mm$，材料为铝，试编写加工程序。

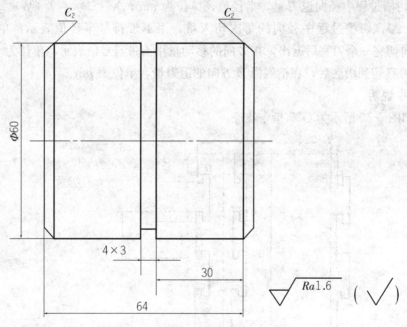

图 6-4　加工槽

其加工程序如下：

O5001；	以工件右端面与主轴轴心线交点为编程原点
N10G99G40M03S500；	主轴正转，转速为 500 r/min
N15T0101M08；	选 1 号刀，执行 1 号刀补
N20G00X61.0Z2.0；	快速靠近工件
N30G01Z−68.0F0.25；	粗车 $\Phi60$ mm 外圆

N40G00X62.0Z2.0;

N50X0.0S800;　　　　　　　　　　精车主轴转速为 800 r/min

N60G01Z0.0F0.1;　　　　　　　　　精车进给量为 0.1 mm/r

N70X56.0;

N80X60.0Z−2.0;　　　　　　　　　倒 C2 角

N90Z−68.0;

N100G01X65.0;

N110M09;

N120G00X100.0Z100.0T0100;　　　1号刀返回换刀点并取消刀补

N130T0202S300;　　　　　　　　　选 2 号刀,执行 2 号刀补,主轴转速为 300 r/min

三、内、外圆切槽复合循环指令 G75

1. 指令格式

G75R(e);

G75X(U) _ Z(W) _ P(Δi) Q(Δk) R(Δd);

式中,e:切槽过程中径向退刀量,半径值,单位为 mm;X(U) __ Z(W) __:切槽终点处坐标;Δi:切槽过程中径向的每次切入量,用不带符号半径值表示,单位为 μm;Δk:沿径向切完一个刀宽后退出,在 Z 向的移动量用不带符号值表示,单位为 μm;

Δd:刀具切到槽底后,在槽底沿 Z 方向的退刀量,单位为 μm。

2. 指令说明

(1) 如图 6−5 所示为 G75 指令轨迹。

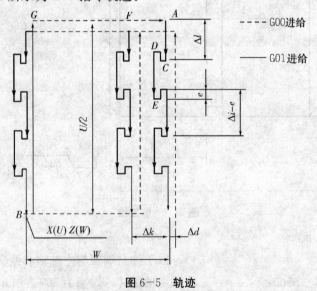

图 6−5　轨迹

(2) 切槽刀起始点 A 的 X 向位置应比槽口最大直径大 2 mm~3 mm,以免在刀具快速移动时发生撞刀。Z 向与切槽起始位置从槽的左侧或右侧开始有关。如图 6−6 所示,当切槽起始位置从左侧开始时,Z 为−30;当切槽起始位置从右侧开始时,Z 为−24。

（3）在切单个宽槽时须注意 Δk 值应小于刀宽，以使每次切削轨迹在宽度上都有重叠。

（4）Δd 一般不设数值，取 0，以免断刀。

（5）对于指令中的 Δi、Δk 值，在 FANUC 系统中，不能输入小数点，而直接输入脉冲当量值，如 P1500 表示径向每次切深量为 1.5 mm。

3. 实例

加工如图 6-6 所示槽，材料为 45# 钢，选用刀具为 4 mm 切槽刀，试编写加工程序。

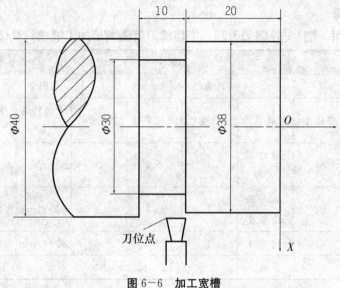

图 6-6 加工宽槽

其加工程序如下：

O5002；

N10G99M03S300；　　　　　　　　　　主轴正转，转速为 300 r/min

N20T0101；　　　　　　　　　　　　　选 1 号刀，执行 1 号刀补

N30G00X42.0Z-24.0M08；　　　　　　刀具快速调至循环起点，打开切削液

N40G75R0.2；　　　　　　　　　　　　切槽过程中径向退刀量为 0.2 mm

N50G75X30.0Z-30.0P500Q3000F0.05；　设置切槽循环参数

N60G00X50.0M09；　　　　　　　　　　X 方向快速退刀并关闭切削液

N70Z100.0；　　　　　　　　　　　　　Z 方向快速退刀

N80M30；　　　　　　　　　　　　　　程序结束

任务一　理论编程

该项目需要编程加工的零件是带有一个窄槽和一个宽槽的轴。

【步骤解析】

一、制定加工工艺

通过分析，可采用以下工艺措施：

（1）对图样上给定尺寸，编程时全部取其中值。

（2）由于毛坯去除余量不是太大，可按照工序集中的原则确定加工工序。其加工工序为：手动车右端面→粗、精车零件右端外圆 $\Phi26$ mm、$\Phi28$ mm 和 C1 倒角→加工 5 mm×4 mm 窄槽→调头装夹，手动车左端面，控制整长 70 mm→粗、精车左端 $\Phi38$ mm 外圆和 C1 倒角，用切槽刀加工 $\Phi26$ mm 外圆至尺寸。

二、刀具选择

本次加工采用一把 90°外圆偏刀和一把切槽刀就能满足加工要求，具体见下表。

刀具卡										
课程名称			项目名称				图号			
序号	刀具号	刀偏号	刀具名称	数量	刀尖半径	刀尖方位	主轴转速 (n)	进给量 (f)	背吃刀量 (a_p)	
1	T01	01	90°外圆偏刀	1	0.4	3	500 r/min	0.2 mm/r	2.0 mm	
2	T02	02	90°外圆精车刀	1	0.4	3	800 r/min	0.08 mm/r	0.25 mm	
3	T03	03	切槽刀	1			300 r/min	0.08 mm/r		
编制		审核		批准				共1页	第1页	

三、编程

1. 右端加工程序

```
O5003;
N10G99M03S500T0101; N20G00X40.0Z2.0;          快速靠近工件
N30G90X39.0Z-40.0F0.25;                       用 G90 粗车 Φ38 mm 外圆
N40X35.0Z-20.0;                               粗车 Φ26 mm 外圆
N50X31.0;
N60X27.0;
N70G00X0.0S800;                               精车主轴转速为 800 r/min
N80G01Z0.0F0.1;                               精车进给量为 0.1 mm/r
N90X23.985;
N100X25.985Z-1.0;                             倒 C1 角
N110Z-20.0;                                   精车 Φ26 mm 外圆
N120X37.985;
N130Z-40.0;                                   精车 Φ38 mm 外圆
N140X41.0;
N150G00X100.0Z100.0T0100;                     1号刀返回换刀点并取消刀补
N160S300T0202;                                选2号刀，执行2号刀补
```

N170G00X27.0;

N180Z−20.0;

N190G01X18.0F0.05;　　　　　　　　切槽至尺寸

N200G04X1.0;　　　　　　　　　　　暂停1 s

N210G01X27.0;

N220G00X100.0Z100.0T0200;　　　　2号刀返回换刀点并取消刀补

N230M30;　　　　　　　　　　　　　程序结束

2. 左端加工程序

O5004;

N10G99M03S500T0101;　　　　　主轴正转，转速为500 r/min，选1号刀，执行1号刀补

N20G00X40.0Z2.0;　　　　　　　快速靠近工件

N30G90X39.0Z−35.0F0.25;　　　用G90粗车循环粗车Φ38 mm外圆

N40G00X0.0S800;　　　　　　　精车主轴转速为800 r/min

N50G01Z0.0F0.1;　　　　　　　精车进给量为0.1 mm/r

N60X35.985;

N70X37.985Z−1.0;　　　　　　倒C1角

N80Z−35.0;　　　　　　　　　精车Φ38 mm外圆

N90X40.0;

N100G00X50.0Z100.0T0100;　　　1号刀返回换刀点并取消刀补

N110T0202S300;　　　　　　　　选2号刀，执行2号刀补，主轴转速为300 r/min

N120G00X40.0Z−19.0;　　　　　2号刀快速定位

N130G75R0.1;　　　　　　　　　指定径向退刀量0.1 mm

N140G75X27.0Z−38.0P500Q3500F0.05;切槽循环参数

N150G00X28.0;　　　　　　　　　沿径向快速进刀

N160G01X25.95F0.05;

N170Z−38.0;　　　　　　　　　　精车Φ26 mm外圆

N180X39.0;　　　　　　　　　　　沿径向退刀

N190G00X100.0Z100.0T0200;　　　2号刀快速返回换刀点取消刀补

N200M30;　　　　　　　　　　　　程序结束

【知识链接】——切槽刀对刀

(一) X方向对刀

在手动方式下，主轴旋转，切槽刀车削一外圆面，X方向不动，沿+Z方向退刀，停车，测量直径，按［OFFSET/SETTING］键，然后按［形状］软键，把光标移动到相应的2号位置，输入X及测量的直径值，按［测量］软键，完成X方向对刀。

(二) Z方向对刀

在手动方式下，主轴旋转，切槽刀慢速靠近工件右端面，当左刀尖车削至右端面上有少量切屑飞出时，切槽刀Z方向不动，沿+X向退出，按［OFFSET/SETTING］键，然

后按［形状］软功能键，把光标移动到相应的 2 号位置，输入 Z0，按［测量］软键，完成切槽刀以左刀尖为刀位点的 Z 方向对刀。

任务二　仿真操作

运用仿真软件进行模拟练习，同时也可以验证所编写程序的对错（参照项目二"加工阶梯轴"的仿真操作）。

【注意】

（1）仿真操作时，应严格按照实训步骤进行，特别是对刀。

（2）根据在普通机床上加工的各种方法及切削用量的选择技巧来进行仿真。

任务三　实训加工

【步骤解析】

一、安装工件

（1）旋开卡爪，将工件放入卡盘，同时伸出卡盘的长度要符合零件尺寸要求 30 mm。慢慢旋紧卡盘，在一个临界状态时（夹紧与未夹紧之间的状态），右手轻轻的左右匀速旋转工件（至少要旋转一周），找到一个合适的位置，同时左手慢慢旋紧卡盘。

（2）在手动方式下，使主轴正转，目测工件旋转时是否打晃。如果发现晃动，则应重新进行工件的安装。另外，也可用杠杆表检测工件是否打晃。

二、安装车刀

FANUC 数控车床采用的是四刀位刀架，因此最多可以同时安装四把刀。本项目需要 90°外圆粗偏刀一把、93°外圆精车刀一把以及 4 mm 宽切槽刀一把。

三、程序的录入与校验

（1）程序录入：

①在程序编辑状态下新建文件夹，并以 O 开头命名。

②注意随时保存程序。

（2）程序检验。

四、对刀

参照项目二中的任务二"仿真操作"。

五、外圆加工

（1）单段加工。

（2）自动加工。将机床置于"自动"状态，调出所编程序，打开"循环启动"按钮，进行自动加工。

（3）尺寸测量。

六、项目评分表

班级		姓名		学号			日期	
基本检查	序号	检测项目				配分	学生评分	教师评分
	1	工艺文件				15		
	2	仿真操作				20		
	3	设备正确操作与维护				2		
	4	安全、文明生产				3		
基本检查结果总计						40		
序号	图样尺寸	允差/mm	量具		配分	实际尺寸	分数
			名称	规格/mm		学生测	教师测
1	Φ38 mm	0.03	千分尺	25~50	14		
2	Φ26 mm	0.1	千分尺	25~50	7		
3	Φ26 mm	0.03	千分尺	25~50	7		
4	5 mm×4 mm		游标卡尺	0~150	8		
5	12 mm		游标卡尺	0~150	3		
6	20 mm		游标卡尺	0~150	3		
7	55 mm	0.2	游标卡尺	0~150	5		
8	70 mm		游标卡尺	0~150	5		
9	C1		游标卡尺	0~150	4		
10	粗糙度		游标卡尺	0~150	4		
尺寸检测结果总计					60		
基本检查结果		尺寸检测结果			成绩		

想一想 宽槽的零件如何加工？

项目拓展

本任务加工如图 6-8 所示零件上的多槽，半成品工件尺寸为 $\Phi40$ mm×80 mm，材料为铝。在生产中多槽加工属于常见的加工内容，对于等距槽来说，可运用外圆切槽复合循环 G75 指令功能完成加工；对不等距槽的加工编程来说，也可使用 G75 指令，但由于多次定位显示不出其优越性，因而可采用调用子程序的方法来完成不等距槽的加工。

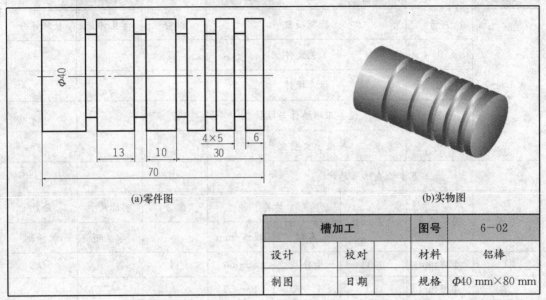

(a)零件图   (b)实物图

槽加工		图号	6-02
设计	校对	材料	铝棒
制图	日期	规格	$\Phi40$ mm×80 mm

图 6-8　加工多槽

基础知识二

一、G75 外圆切槽复合循环指令加工

实例：加工如图 6-9 所示工件上的 5 个等距槽，试编写加工程序。

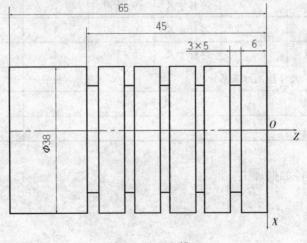

图 6-9　多槽

其加工程序如下：

O5005；	
N10G99G97T0101；	刀宽为 3 mm 的 1 号切槽刀及刀补
N20M03S300；	主轴正转，转速为 300 r/min
N30G00X42；	刀具快速 X 方向定位
N40Z−9.0M08；	刀具快速调至 Z 方向定位，打开切削液
N50G75R0.2；	切槽循环，每次退刀量为 0.2 mm
N60G75X28.0Z−45.0P1500Q9000F0.1；	设置切槽循环参数
N70G00X50.0M09；	X 方向快速退刀并关闭切削液
N80Z100.0；	Z 方向快速退刀
N90M30；	程序结束

二、子程序

1. 子程序的概念

在编制加工程序时，会遇到一组程序段在一个程序中多次出现或在几个程序中都要用到，那么就可把这一组加工程序段编制成固定程序，并单独予以命名，这组程序段即称为子程序。

子程序可分为用户子程序和机床制造商所固化的子程序（即公司子程序）两种。用户子程序是机床使用者根据实际所需要编写的子程序；公司子程序是机床制造商固化在系统内部的常用程序，如切槽程序、外圆粗车简单固定循环程序、复合固定循环程序等，用户可根据需要修改参数用于加工。

子程序与主程序的区别：

（1）完成的加工内容级别不同。主程序是一个完整的零件加工程序或零件加工程序的主体部分，不同的主程序用于加工不同的零件或针对不同的加工要求；子程序一般都不能作为独立的加工程序用，只能通过主程序使用指令 M98 调用完成零件加工中的局部加工动作，执行结束后，自动返回到主程序中。

（2）结束标记不同。子程序与主程序在程序号及程序内容方面基本相同，但结束指令不同，主程序的结束为 M02 或 M30 指令，子程序用 M99 表示结束并实现自动返回主程序。

2. 子程序调用格式

格式	字地址含义	注意事项	举例说明
M98P××××L××××	（1）地址 P 后的四位数字为子程序号 （2）地址 L 后的四位数字为重复调用次数，取值范围 1~9999	（1）子程序号及调用次数前的 0 可省略 （2）子程序调用一次可省略 L 及其后的数字	（1）M98 P200 L3；表示调用子程序 O200 三次 （2）M98 P200；表示调用子程序 O200 一次

3. 实例

加工如图 6-10 所示工件上的 3 个不等距槽，试编写加工程序。

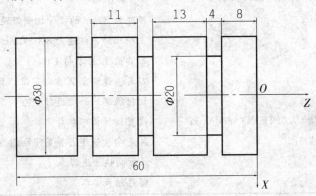

图 6-10 多槽

其加工程序如下：

1. 主程序

O5006；

N10G99G97T0101；   调用刀宽为 4 mm 的 1 号切槽刀及刀具补偿值

N20M03S300；   主轴正转，转速为 300 r/min

N30G00X32.0；   刀具快速调整 X 方向定位

N40Z5.0M08；   刀具快速 Z 方向定位，打开切削液

N50M98P5007L2；   调用子程序 O5007 循环两次，切右端两个槽

N60G00X32.0Z−27.0；

N70M98P5007；   调用子程序 O5007 循环一次，切左端槽

N80G00X100.0M09；   X 方向快速退刀并关闭切削液

N90Z100.0；   Z 方向快速退刀

N100M05；   主轴停转

N110M30；   程序结束

2. 切槽子程序

O5007；

N10G00W−17.0；   刀具快速左移 17 mm

N20G01U−12.0F0.05；   切 Φ20 mm 的槽

N30U12.0；   退刀至 X32 处

N40M99；   跳出子程序返回主程序

任务一 理论编程

【步骤解析】

一、制定加工工艺

该零件是材料为铝的半成品件，只需加工右侧三个等距槽和左侧两个不等距槽。由于

切槽过程中切削力较大，为防止工件装夹不牢产生晃动，可采用一夹一顶的装夹方式。

（1）用三爪自定心卡盘夹住毛坯 Φ40mm 外圆，外伸 64 mm，并找正。

（2）对刀，以工件的右端面与主轴回转中心线的交点为原点建立工件坐标系。

（3）依次粗车、精车槽至尺寸精度要求。

二、刀具选择

刀具卡									
课程名称			项目名称				图号		
序号	刀具号	刀偏号	刀具名称	数量	刀尖半径	刀尖方位	主轴转速（n）	进给量（f）	背吃刀量（a_p）
1	T03	03	切槽刀	1			300 r/min	0.08 mm/r	
编制		审核		批准			共 1 页	第 1 页	

三、编程

1. 主程序

O5008；

N10G99G97T0101；　　　　　　选 1 号刀，执行 1 号刀补

N20M03S300；　　　　　　　　主轴正转，转速为 300 r/min

N30G00X43.0；　　　　　　　　刀具快速调至 X 方向定位

N40Z−10.0M08；　　　　　　　刀具快速调至 Z 向定位，打开切削液

N50G75R0.2；　　　　　　　　切槽循环，每次退刀量为 0.2 mm

N60G75X30.0Z−30.0.0P2000Q10000F0.1；　设置切槽循环参数

N70G00X43.0Z−27.0；　　　　　刀具快速向左定位

N80M98P5009L2；　　　　　　　调子程序两次，切左端不等距槽

N90G00X50.0M09；　　　　　　X 方向快速退刀并关闭切削液

N100Z100.0；　　　　　　　　Z 方向快速退刀

N110M05；　　　　　　　　　主轴停转

N120M30；　　　　　　　　　程序结束

2. 切槽子程序

O5009；

N10G00W−17.0；　　　　　　　刀具快速左移 17 mm

N20G01U−13.0F0.05；　　　　　切 Φ30 mm 的槽

N30U13.0；　　　　　　　　　退刀至 X33 处

N40M99；　　　　　　　　　　跳出子程序返回主程序

将程序输入机床数控系统，校验无误后对刀加工出合格的零件。

任务二　仿真操作

运用仿真软件进行模拟练习，同时也可以验证所编写程序的对错（参照项目二"加工阶梯轴"的仿真操作）。

【注意】

(1) 仿真操作时，应严格按照实训步骤进行，特别是对刀。

(2) 根据在普通机床上加工的各种方法及切削用量的选择技巧来进行仿真。

(3) 将刀尖半径和刀尖方位输入：

```
OFFSET / WEAR          O      N
      NO.      X        Z       R    T
   W 01    0.000    0.000    0.400  3
```

任务三　实训加工

【步骤解析】

一、安装工件

(1) 旋开卡爪，将工件放入卡盘，同时伸出卡盘的长度要符合零件尺寸要求 30 mm。慢慢旋紧卡盘，在一个临界状态时（夹紧与未夹紧之间的状态），右手轻轻的左右匀速旋转工件（至少要旋转一周），找到一个合适的位置，同时左手慢慢旋紧卡盘。

(2) 在手动方式下，使主轴正转，目测工件旋转时是否打晃。如果发现晃动，则应重新进行工件的安装。另外，也可用杠杆表检测工件是否打晃。

二、安装车刀

FANUC 数控车床采用的是四刀位刀架，因此最多可以同时安装四把刀。本项目需要 4 mm 宽切槽刀一把。如何进行安装，是决定工件成品是否符合精度要求的一个重要因素。车刀安装的高度与角度参见项目一"操作数控车床"。

三、程序的录入与校验

程序的录入与校验是检验程序是否正确的一个关键步骤，对于粗心大意而导致录入错误的有着直观的体现。

(1) 程序的录入。

(2) 程序的检验。

四、对刀

参照项目二中的任务二"仿真操作"。

【注意】

（1）对刀过程中一定要严格按照对刀步骤进行。

（2）试切削时，背吃刀量不能太大，注意图形尺寸。

（3）对刀过程要严格把关，在教师认可下才可进行加工，否则要反复练习，直到熟练为止。

五、加工

（1）单段加工。

（2）自动加工。

（3）尺寸测量。

六、项目评分表

班级		姓名		学号		日期	
基本检查	序号	检测项目			配分	学生评分	教师评分
	1	工艺文件			15		
	2	仿真操作			20		
	3	设备正确操作与维护			2		
	4	安全、文明生产			3		
基本检查结果总计					40		
序号	图样尺寸	允差/mm	量具		配分	实际尺寸	分数
			名称	规格/mm		学生测	教师测
1	4 mm×5 mm		游标卡尺	0−150	40		
2	6 mm		游标卡尺	0−150	4		
3	30 mm		游标卡尺	0−150	4		
4	10 mm		游标卡尺	0−150	4		
5	13 mm		游标卡尺	0−150	4		
6	70 mm		游标卡尺	0−150	4		
尺寸检测结果总计					60		
基本检查结果		尺寸检测结果				成绩	

本项目重点讲解了切槽刀的使用，从切槽刀对刀，切槽程序编制等入手，由浅到深地讲解了窄槽、宽槽的加工方式，同时也加深了几个常用指令的练习。

在仿真实训加工中，切槽时应注意进给量的选择，同时要特别注意安全操作，发现问题及时纠正。

项目练习

实训 1：加工如图 6－12 所示零件，材料为铝，切槽刀宽度 4 mm。试编写零件生产加工程序，单位为 mm。

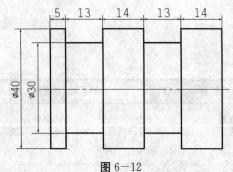

图 6－12

实训 2：加工如图 6－13 所示零件，材料为铝，切槽刀宽度 4 mm。试编写加工程序，单位为 mm。

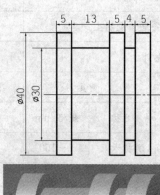

图 6－13

实训3：加工如图6−14所示零件，材料为铝，切槽刀宽度4 mm。试编写加工程序，单位为mm。

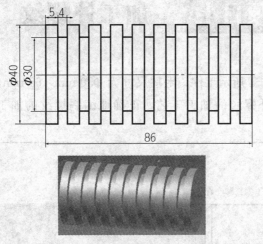

图 6−14

实训4：加工如图6−15所示零件，材料为铝，切槽刀宽度4 mm。试编写加工程序，单位为mm。

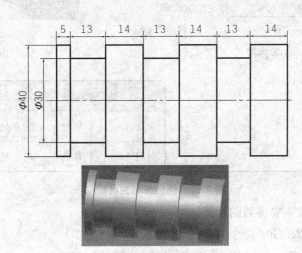

图 6−15

项目七　　加工外螺纹

本项目加工如图 7-1 所示工件，毛坯尺寸为 Φ50 mm×65 mm，材料为 45# 钢。要求学生能够熟练地确定外螺纹的加工工艺，正确地编制螺纹的加工程序，并完成零件的加工。

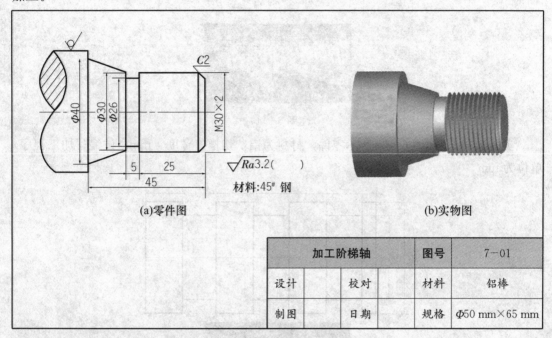

(a)零件图　　材料:45# 钢　　(b)实物图

加工阶梯轴		图号	7-01
设计	校对	材料	铝棒
制图	日期	规格	Φ50 mm×65 mm

图 7-1　低台阶与高台阶轴

- 掌握螺纹主要参数的计算。
- 掌握 G32、G92 指令的含义和应用。
- 会应用 G32、G92 指令编写螺纹的加工程序。
- 能应用仿真软件仿真螺纹的加工过程。
- 能在数控车床上完成螺纹的加工。

基础知识

一、外螺纹车削前的工艺准备

车削三角形外螺纹前对工件的主要工艺要求如下：

（1）螺纹车削前的外圆直径应车至比螺纹公称直径小约 $0.13P$，以保证车削后的螺纹牙顶处有 $0.125P$ 的宽度。

（2）外圆端面处倒角应略小于螺纹小径。

（3）有退刀槽的螺纹，螺纹车削前应先切退刀槽，槽底直径应小于螺纹小径，槽宽约等于（2~3）P。

（4）车削脆性材料时，螺纹车削前的外圆表面粗糙度值要小些，以免在车削螺纹时牙顶发生崩裂。

二、外螺纹车刀的刃磨

三角形外螺纹车刀刃磨具体步骤见表7—1。

表7—1 三角形螺纹车刀刃磨步骤

步骤		图示
1	刃磨进给方向后刀面，控制刀尖半角 $\varepsilon_r/2$ 及后角 α_{0L}（$\alpha_0+\Psi$），此时刀杆与砂轮圆周夹角约为 $\varepsilon/2$，刀面向外倾斜 $\alpha_0+\Psi$	
2	刃磨背进给方向后刀面，以初步形成两刃夹角，控制刀尖角 ε_r 及后角 α_{0B}（$\alpha_0-\Psi$），刀杆与砂轮圆周夹角约为 $\varepsilon_r/2$，刀面向外侧倾斜 $\alpha_0-\Psi$	
3	精磨后刀面，保证刀尖角（用螺纹车刀样板来测量）	
4	用螺纹车刀样板来测量刀尖角，测量时样板应与车刀底平面平行，用透光法检查	

续表 7-1

步骤		图示
5	粗、精磨前刀面，以形成前角，离开刀尖、大于牙型深度处在砂轮边角为支点，夹角等于前角，使火花最后在刀尖处磨出	
6	刃磨刀尖圆弧，刀尖过渡棱宽约为 0.1P	

三、外螺纹的车削工艺

1. 车削螺纹的进刀方式

低速车削螺纹时，可根据不同的情况，选择如图 7-2 所示的不同进刀方法。

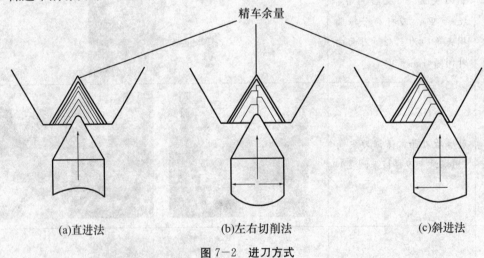

(a)直进法　　(b)左右切削法　　(c)斜进法

图 7-2　进刀方式

2. 螺纹轴向起点和终点尺寸的确定

在数控机床上车螺纹时，沿螺距方向的 Z 向进给，应与机床主轴的旋转保持严格的速比关系，但在实际车削螺纹的开始时，伺服系统不可避免地有一个加速的过程，结束前也相应有一个减速的过程。在这两段时间内，螺距得不到有效保证，如图 7-3 所示。

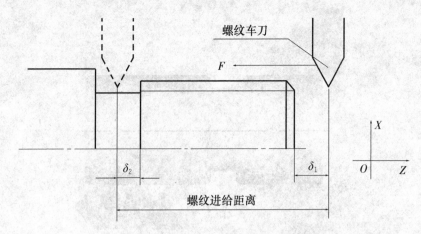

图 7-3 螺纹轴向起点和终点尺寸确定

为了避免在进给机构加速或减速过程中切削，故在安排其工艺时要尽可能考虑合理的升速进刀段距离 δ_1 和降速退刀段距离 δ_2，如图 7-3 所示。δ_1 和 δ_2 的数值除了与机床拖动系统的动态特性有关外，还与螺纹的螺距和螺纹的精度有关。

一般 δ_1 取（2~3）P，对大螺距和高精度的螺纹则取较大值；δ_2 一般取（1~2）P。若螺纹退尾处没有退刀槽时，其 $\delta_2=0$，这时该处的收尾形状由数控系统的功能设定或确定。

3．螺纹加工的多刀切削

如果螺纹牙型较深或螺距较大，可分多次进给。每次进给的背吃刀量用实际牙型高度减精加工背吃刀量后所得的差，并按递减规律分配。常用公制螺纹切削时的进给次数与实际背吃刀量（直径量）可参考表 7-2 选取。

表 7-2　常用公制螺纹切削时的进给次数与实际背吃刀量

螺距（mm）		1.0	1.5	2.0	2.5	3.0
总切深量（mm）		1.3	1.95	2.6	3.25	3.9
每次背吃刀量（mm）	1 次	0.8	1.0	1.2	1.3	1.4
	2 次	0.4	0.6	0.7	0.8	0.9
	3 次	0.1	0.25	0.4	0.5	0.6
	4 次	—	0.1	0.2	0.3	0.4
	5 次	—	—	0.1	0.15	0.3
	6 次	—	—	—	0.1	0.2
	7 次	—	—	—	—	0.1

四、螺纹车刀的装夹

螺纹车刀的安装要求如下：

（1）螺纹车刀刀尖与车床主轴轴线等高，一般可根据尾座顶尖高度调整和检查。为了防止高速车削时产生振动和扎刀，外螺纹车刀刀尖也可以高于工件中心 0.1 mm~0.2 mm，必要时可采用弹性刀柄螺纹车刀，如图 7-4 所示。

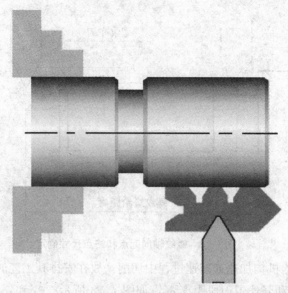

图7-4 螺纹加工

（2）使用螺纹对刀样板校正螺纹车刀的安装位置（图7-4），确保螺纹车刀的两刀尖半角的对称中心线与工件轴线垂直。

（3）螺纹车刀伸出刀架不宜过长，一般伸出长度为刀柄高度的1.5倍。

五、螺纹车削指令

1. 单行程等距螺纹切削指令 G32

（1）指令格式：

G32X(U)＿ Z(W)＿ F ＿ Q ＿;

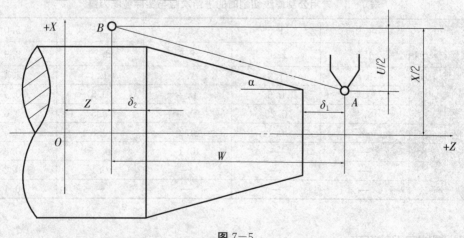

图7-5

（2）指令说明：

①螺纹导程用 F 直接指令。对锥螺纹（图7-5），其斜角 α 在45°以下时，螺纹导程以 Z 轴方向的值指令；45°以上至90°时，以 X 轴方向的值指令。Q 为螺纹起始角。该值为不带小数点的非模态值，其单位为 $0.001°$。

②圆柱螺纹切削时，X(U) 指令省略。指令格式为"G32Z(W)＿F＿Q＿;"。端面螺纹切削时，Z(W) 指令省略，指令格式为"G32X(U)＿F＿Q＿;"。

③当螺纹收尾处没有退刀槽时，可按 45°退刀收尾，如图 7-6 所示。

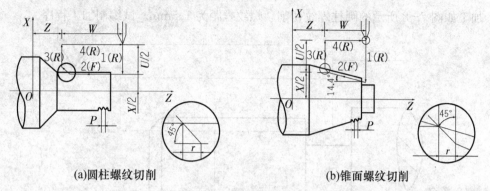

(a)圆柱螺纹切削   (b)锥面螺纹切削

图 7-6 螺纹车削

（3）实例：加工如图 7-7 所示的锥螺纹切削，螺纹导程为 3.5 mm，$\delta_1 = 2$ mm，$\delta_2 = 1$ mm，每次背吃刀量为1 mm。试编制加工程序。

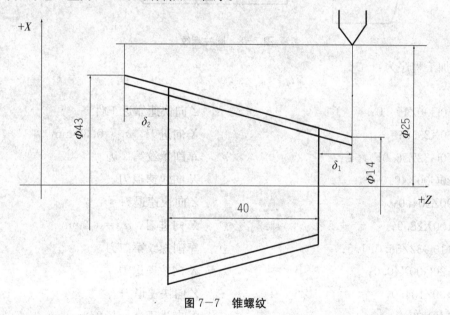

图 7-7 锥螺纹

其加工程序为：

......

N70G00X12.0;	X 向快速进刀
N80G32X41.0W-43.0F3.5;	车锥螺纹
N90G00X50.0;	X 向快速退刀
N100W43.0;	Z 向快速退刀
N110X10.0;	X 向快速进刀
N120G32X39.0W-43.0F3.5;	车锥螺纹

N130G00X50.0; X 向快速退刀

N140W43.0; Z 向快速退刀

……

加工如图 7-8 所示的圆柱螺纹切削,螺纹螺距为 1.5mm。试编制加工程序。

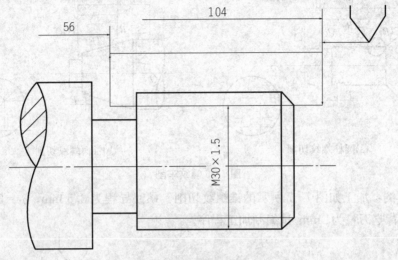

图 7-8　圆柱螺纹

其加工程序为:

……

N50G00Z104.0; Z 向快速靠近工件

N60X29.3; X 向进刀, $a_{p1} = 0.35$ mm

N70G32Z56.0F1.5;   车削螺纹第一刀

N80G00X40.0; X 向快速退刀

N90Z104.0; Z 向快速退刀

N100X28.9; X 向进刀, $a_{p2} = 0.2$mm

N110G32Z56.0F1.5;   车削螺纹第二刀

N120G00X40.0; X 向快速退刀

N130Z104.0; Z 向快速退刀

N140X28.5; X 向进刀, $a_{p3} = 0.2$mm

N150G32Z56.0F1.5;   车削螺纹第二刀

N160G00X40; X 向快速退刀

……

2. 螺纹切削循环 G92

(1) 指令格式:

G92X(U)__ Z(W)__ R__ F__;

式中,X、Z:螺纹终点坐标值;U、W:螺纹终点相对循环起点的坐标增量;R:锥螺纹始点与终点的半径差,加工圆柱螺纹时,R 为 0,可省略,如图 7-9 所示。

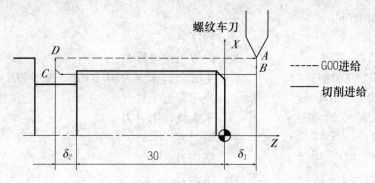

图 7-9　切削圆柱螺纹

（2）指令说明：该指令可切削锥螺纹和圆柱螺纹（如图 7-10 所示）。刀具从循环起点开始按梯形循环，最后又回到循环起点。图中虚线表示按 G00 的速度快速移动，实线表示按 F 指令的工件进给速度移动。

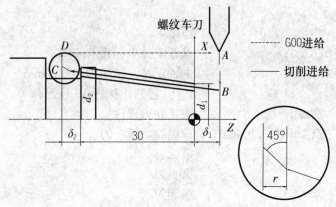

图 7-10　切削圆锥螺纹

（3）实例：加工如图 7-11 所示的 M30×2-6g 普通圆柱螺纹，用 G92 指令加工时，其程序设计如下：取编程大径为 Φ29.7 mm；设其牙底由单一的圆弧 R 构成，取 $R=0.2$ mm；据计算螺纹底径为 Φ27.246 mm；取编程小径为 Φ27.3 mm。试编制加工程序。

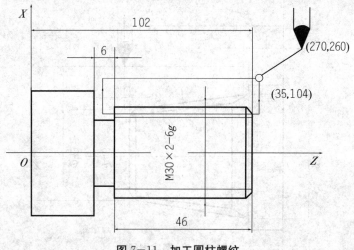

图 7-11　加工圆柱螺纹

其加工程序如下：

O7001；	程序名
N01G50X270.0Z260.0；	设置工件坐标系
N02M03S800T0101；	主轴正转，转速为800 r/min，选1号刀，执行1号刀补
N03G00X35.0Z104.0；	快速靠近工件
N04G92X28.9Z53.0F2.0；	车螺纹，第一刀
N05X28.2；	第二刀
N06X27.7；	第三刀
N07X27.3；	第四刀
N08G00X270.0Z260.0；	快速退至参考点
N09M05；	主轴停
N10M30；	程序结束

加工如图7-12所示的圆锥螺纹，用G92指令试编制加工程序。

其加工程序为：

O7002；	程序名
N01G50X80.0Z62.0；	设置工件坐标系
N02G97S300M03；	主轴正转，转速为300 r/min
N03T1010；	选10号刀，执行10号刀补
N04G00X80.0Z62.0；	快速靠近工件
N05G92X49.6Z12.0R-5.0F2.0；	车螺纹，第一刀
N06X48.7；	第二刀
N07X48.1；	第三刀
N08X47.5；	第四刀
N09X47.1；	第五刀
N10X47.0；	第六刀
N11G00X80.0Z62.0T1000M05；	
N12M30；	程序结束

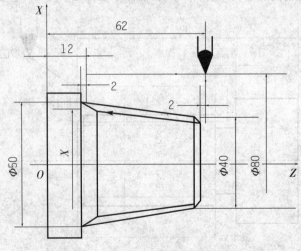

图7-12 圆锥螺纹

3. 螺纹切削复合循环 G76

用 G76 时一段指令就可以完成螺纹切削循环加工程序。

（1）指令格式：

G76P（m）（r）（α）Q（$\Delta d_{\min}$）R（d）；

G76X（U）Z（W）R（Δi）P（Δk）Q（Δd）F＿；

式中，m：精加工最终重复次数（01～99）；r：倒角量，大小可设置在 $0.01P$～$9.9P$ 之间，系数应为 0.1 的整数倍，用 00～99 之间的两位整数表示，P 为导程；α：刀尖角度（80°、60°、55°、30°、29°、0°六种）；$\Delta d_{\min}$：最小切削背吃刀量，该值用不带小数点的半径量表示；d：精加工余量，用带小数点的半径量表示；X（U），Z（W）：螺纹切削终点坐标；Δi：螺纹部分半径差（$i=0$ 时为圆柱螺纹）；Δk：螺牙的高度（用半径值指令 X 轴方向的距离）；Δd：第一次的切削背吃刀量（用半径值指定）；f：螺纹的导程（与 G32 螺纹切削时相同）。

（2）指令说明：螺纹切削方式如图 7-13 所示。

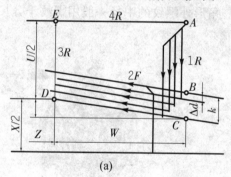
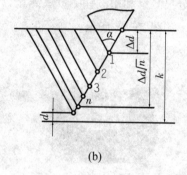

图 7-13　切削方式

六、螺纹的检测

车削螺纹时，必须根据不同的质量要求和生产批量，选择不同的测量方法，认真进行测量。常用的测量方法有单项测量法和综合测量法。

1. 单项测量法

（1）大径测量：螺纹大径公差较大，一般采用游标卡尺和千分尺测量。

（2）螺距测量：螺距一般可用螺纹样板或钢直尺测量，如图 7-14 所示。螺纹千分尺的结构和使用方法与外径千分尺相似，读数原理相同，区别在于它有两个可调整的测量头。测量时，将两个测量头正好卡在被测螺纹的牙型面上，这时测量得到的尺寸就是被测螺纹中径的实际尺寸。螺纹千分尺一般用来测量螺距（或导程）为 0.4 mm～6 mm 的三角形螺纹。

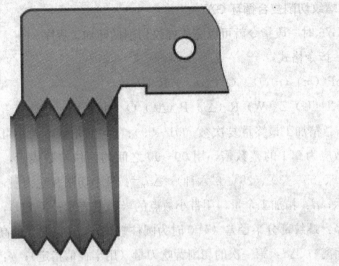

图 7-14　螺距测量

（3）中径测量：对于精度较高的螺纹，必须测量中径。测量中径的常用方法是用螺纹千分尺测量和用三针测量法测量（比较精密）。三角形外螺纹的中径一般用螺纹千分尺测量，如图 7-15 所示。

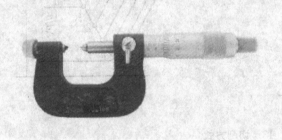

(a)螺纹千分尺的结构

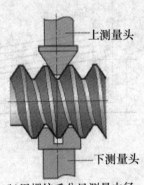

上测量头

下测量头

(b)用螺纹千分尺测量中径

图 7-15　螺纹测量

2. 综合测量法

综合测量法是采用极限量规对螺纹的基本要素（螺纹大径、中径和螺距等）同时进行综合测量的一种测量方法，测量时外螺纹采用螺纹环规。综合测量法测量效率高，使用方便，能较好地保证互换性，广泛用于对标准螺纹或大批量生产螺纹的检测。测量前，应做好量具和工件的清洁工作，并先检查螺纹的大径、牙型、螺距和表面粗糙度，以免尺寸不对而影响测量。

测量时，如果螺纹环规的通规能顺利拧入工件螺纹的有效长度范围，而止规不能拧入，则说明螺纹符合尺寸要求。

七、螺纹刀对刀

1. X 轴对刀

（1）将机床方式置于"手动"方式。

（2）按下"主轴正转"按钮。

（3）手轮缓慢移动刀具进行试切工件。

（4）Z 轴不动，沿 X 轴方向缓慢进刀，蹭已知的工件外圆尺寸。

（5）主轴停止。

（6）将测量的尺寸输入刀偏表中的试切直径中。

（7）X 轴对刀完成。

2. Z 轴对刀

（1）将机床方式置于"手动"方式。

（2）Z 轴对刀不需按"主轴正转"按钮。

（3）X 轴不动，Z 轴手轮缓慢移动刀具进行目测（端面与螺纹刀尖成一条直线）。

（4）将 Z=0 输入到刀偏表中的"试切长度"中。

（5）Z 轴对刀完成。

【注意】

（1）对刀过程中一定要严格按照对刀步骤进行。

（2）试切时，背吃刀量不能太大，注意图形尺寸。

（3）切断刀对刀时，注意"蹭"的含义。

（4）螺纹刀对刀时，注意"看"的含义。在 X 轴方向上"蹭"已知的尺寸表面，在 Z 轴方向上"看"车螺纹时螺纹刀止刀的位置，然后按照步骤的要求进行操作即可。

（5）对刀过程要严格把关，在教师认可下才可以进行加工，否则要反复练习，直到熟练为止。

任务一 理论编程

【步骤解析】

一、制定加工工艺

1. 零件图工艺分析

该零件需要加工螺纹、槽和锥体。图中尺寸标注完整，轮廓描述清楚。零件材料为铝，无热处理和硬度要求。

通过上述分析，可采用以下工艺措施：

（1）对图样上给定尺寸，编程时全部按照标注尺寸编程。

（2）按照工序集中的原则确定加工工序。其加工工序为：粗、精加工零件轮廓→加工 5mm×4mm 窄槽→粗、精车 M30×2 螺纹。

2．填写相关工艺卡片

刀具卡										
课程名称				项目名称				图号		
序号	刀具号	刀偏号	刀具名称	数量	刀尖半径	刀尖方位	主轴转速 (n)	进给量 (f)	背吃刀量 (a_p)	
1	T01	01	90°外圆偏刀	1	0.4	3	500 r/min	0.2 mm/r	2.0 mm	
2	T02	02	90°外圆精车刀	1	0.4	3	800 r/min	0.08 mm/r	0.25 mm	
3	T03	03	切槽刀	1			300 r/min	0.08 mm/r		
4	T04	04	螺纹刀	1			400 r/min	2.0 mm/r	递减	
编制			审核			批准		共 1 页	第 1 页	

3．相关计算

螺纹大径：$d_大 = D - 0.13P = 30 - 0.13 \times 2 \approx 29.74$（mm）

螺纹小径：$d_小 = D - 1.08P = 30 - 1.08 \times 2 = 27.84$（mm）

二、编程

O7003；	程序名
N10G98G40G21；	程序初始化
N20T0101；	选 1 号刀，执行 1 号刀补
N30M03S800；	主轴正转，转速为 800 r/min
N40G00X100.0Z100.0；	刀具快速到达安全点
N50X52.0Z2.0；	快速靠近工件
N60G71U1.0R0.5；	设置粗车循环参数
N70G71P80Q140U0.3W0.0F100；	
N80G01G42X25.85F60S1000；	X 向进刀，并建立刀尖圆弧半径右补偿
N90Z0.0；	Z 向进刀
N100X29.74Z−2.0；	倒 C2 角
N110Z−30.0；	精车螺纹大经
N120X30.0；	X 向退刀
N130X40.0Z−45.0；	精车锥体
N140X52.0；	精车端面

N160G70P80Q140；	精车循环
N170G00G40X100.0Z100.0；	快速退至安全点
N180M05；	主轴停
N190M00；	程序暂停
N200G98G40G21；	程序初始化
N210T0202；	换切槽刀，刀宽为 3 mm
N220M03S300；	主轴正转，转速为 300 r/min
N230G00X32.0Z−28.0；	快速靠近工件
N240G75R0.5；	设置切槽循环参数
N250G75X26.0Z−30.0P1000Q2000F50；	
N260G00X100.0Z100.0；	快速退至安全点
N270M05；	主轴停
N280M00；	程序暂停
N290G98G40G21；	程序初始化
N300T0303；	换螺纹车刀
N310M03S500；	主轴正转，转速为 500 r/min
N320G00X32.0Z5.0；	快速到达起刀点，螺纹导入量 $\delta_1 = 5$ mm
N330G92X28.7Z−26.0F2.0；	多刀切削螺纹
N340X28.0；	
N350X27.84；	
N360G00X100.0Z100.0；	快速退至安全点
N370M30；	程序结束
N380G32Z−21.0F3.0Q180000；	车削第二条螺旋线，第二刀
N390G00X26.0；	X 向退刀
N400Z3.0；	Z 向退刀
N410X29.9；	X 向进刀
N420G32Z−21.0F3.0Q180000；	车削第二条螺旋线，第三刀
N430G00X26.0；	X 向退刀
N440Z3.0；	Z 向退刀
N450X30.0；	X 向进刀
N460G32Z−21.0F3.0Q180000；	车削第二条螺旋线，第四刀
N470G00X26.0；	X 向退刀
N480Z3.0；	Z 向退刀
N490G00X100.0Z100.0；	退至安全点
N500M30；	程序结束

任务二　仿真操作

运用仿真软件进行模拟练习，同时也可以验证所编写程序的对错（参照项目二"加工阶梯轴"的仿真操作）。

【注意】

（1）仿真操作时，应严格按照实训步骤进行，特别是对刀。

（2）根据在普通机床上加工的各种方法及切削用量的选择技巧来进行仿真。

任务三　实训加工

【步骤解析】

一、安装工件

（1）旋开卡爪，将工件放入卡盘，同时伸出卡盘的长度要符合零件尺寸要求 30 mm。慢慢旋紧卡盘，在一个临界状态时（夹紧与未夹紧之间的状态），右手轻轻的左右匀速旋转工件（至少要旋转一周），找到一个合适的位置，同时左手慢慢旋紧卡盘。

（2）在手动方式下，使主轴正转，目测工件旋转时是否打晃。如果发现晃动，则应重新进行工件的安装。另外，也可用杠杆表检测工件是否打晃。

二、安装车刀

FANUC 数控车床采用的是四刀位刀架，因此最多可以同时安装四把刀。本项目需要 90°外圆粗偏刀一把、93°外圆精车刀一把、4 mm 切槽刀一把，螺纹刀一把。

三、程序的录入与校验

（1）程序录入：

①在程序编辑状态下新建文件夹，并以 O 开头命名。

②注意随时保存程序。

（2）程序检验。

四、对刀

参照项目二中的任务二"仿真操作"。

五、外圆加工

（1）单段加工。

（2）自动加工。将机床置于"自动"状态，调出所编程序，打开"循环启动"按钮，进行自动加工。

（3）尺寸测量。

六、项目评分表

班级		姓名		学号		日期	
基本检查	序号	检测项目			配分	学生评分	教师评分
	1	工艺文件			15		
	2	仿真操作			20		
	3	设备正确操作与维护			2		
	4	安全、文明生产			3		
基本检查结果总计					40		

序号	图样尺寸	允差/mm	量具		配分	实际尺寸	分数
			名称	规格/mm		学生测	教师测
1	Φ30 mm		游标卡尺				
2	Φ40 mm		游标卡尺	0—150	5		
3	Φ26 mm		游标卡尺	0—150	5		
4	M30 mm×2 mm		游标卡尺	0—150	5		
5	5 mm		游标卡尺	0—150	25		
6	25 mm		游标卡尺	0—150	5		
7	45 mm		游标卡尺	0—150	5		
8	C2				2		
9	粗糙度				3		
尺寸检测结果总计					60		
基本检查结果		尺寸检测结果				成绩	

【知识链接】——量规的种类及用法

量规是一类不能指示量值，而只能根据与被测件的配合间隙、透光程度或者能否通过被测件等来判断被测长度合格与否的长度测量工具。量规的结构简单，通常是一些具有准确尺寸和形状的实体，如圆锥体、圆柱体、块体平板、尺和螺纹件等。常用的量规有量块、角度量块、多面棱体、正弦规、直尺、平尺、平板、塞尺和平晶等。用量规检验工件通常有通止法、着色法、光隙法和指示表法。

（1）通止法：利用量规的通端和止端来控制工件尺寸，使之不超出公差带。例如，测量孔径时，若光滑塞规的通端通过而止端不通过，则孔径是合格的。利用通止法检验的量规也称极限量规（图7—17），常见的极限量规还有螺纹塞规、螺纹环规和卡规等。

（2）着色法：在量规工作表面上薄薄涂上一层适当的颜料（如普鲁士蓝或红丹粉），然后用量规表面与被测表面研合。被测表面的着色面积大小和分布不均匀程度表示其误差。例如，用圆锥量规检验机床主轴锥孔和用平尺检验机床导轨直线度等。

（3）光隙法：使被测表面与量规的测量面接触，后面放光源或采用自然光。当间隙小至一定程度时，由于光学衍射现象使透光成为有色光，间隙至 $0.5\ \mu m$ 时还能看到透光，根据透光的颜色可判断间隙大小。间隙大小和不均匀程度，即表示被测尺寸、形状或位置误差的大小。例如，用直尺检验直线度，用角尺和平板检验垂直度（图7—18）等。

（4）指示表法：利用量规的准确几何形状与被测几何形状比较，以百分表或测微仪等指示被测几何形状误差。例如，用平板和百分表等测量尺形工件的直线度，用正弦规、平板和测微仪测量角度等。

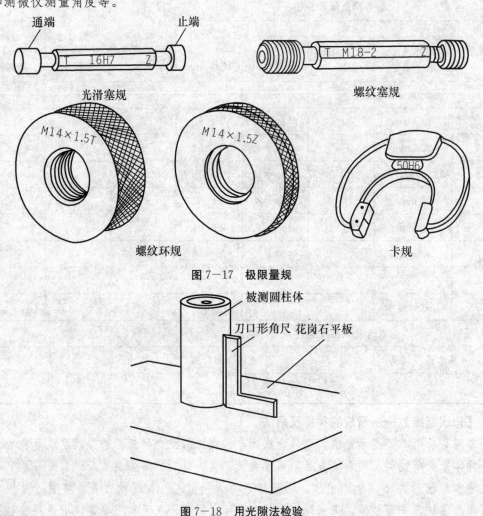

图7—17　极限量规

图7—18　用光隙法检验

想一想 双线（多线）螺纹如何编程及加工？

项目拓展

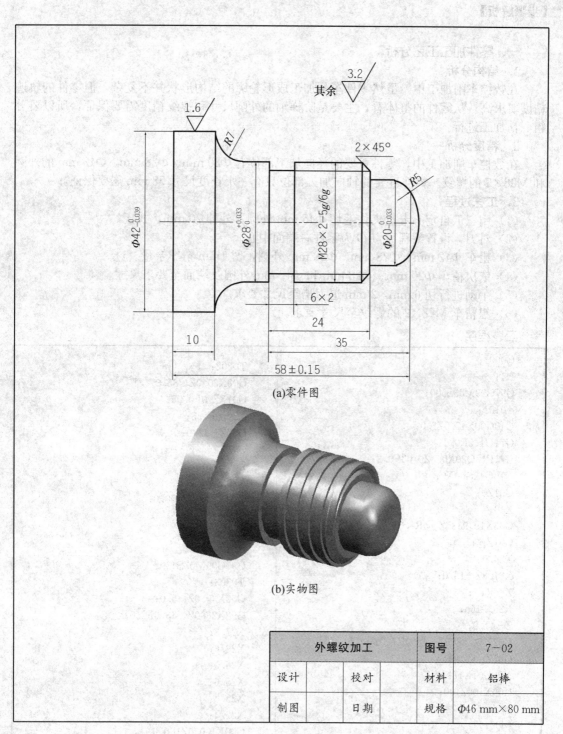

(a)零件图

(b)实物图

外螺纹加工		图号	7—02
设计	校对	材料	铝棒
制图	日期	规格	Φ46 mm×80 mm

图 7—19 外螺纹加工

任务一   理论编程

【步骤解析】

一、零件加工工艺分析

1．结构分析

在数控车削加工中，虽然零件车削加工成形轮廓的结构形状并不复杂，但零件的轨迹精度要求高。从零件的整体看，主要是阶梯轴的外圆尺寸和螺纹精度需要保证，所以要分粗—精加工进行。

2．精度分析

在数控车削加工中，零件重要的径向加工部位有 $\Phi20$ mm、$\Phi28$ mm、$\Phi42$ mm 的外圆和 M28×2 的螺纹。零件重要的轴向加工部位只有一个长度尺寸 58 mm 需要保证。

3．工艺过程

（1）用三爪自定心卡盘夹住毛坯 $\Phi45$ mm 外圆，外伸 70 mm，找正。

（2）对刀，设置编程原点 O 为零件右端面中心。

（3）粗车 $\Phi42$ mm、$\Phi28$ mm、$\Phi20$ mm 外圆，留 1mm 精车余量。

（4）依次精车 $\Phi20$ mm、$\Phi28$ mm 和 $\Phi42$ mm 外圆及端面至要求尺寸。

（5）手动进行切 6 mm×2 mm 退刀槽至尺寸要求。

（6）粗精车 M28×2 的螺纹至尺寸要求。

二、程序

O0001；	T0202；
N1；	G00X30.0Z−35.0；
G97G99M03S600；	G01X2.0F0.05；
T0101；	X30.0F0.3；
G40G00X47.0Z2.0；	G00Z−32.0；
G71U1.5R0.5；	G01X24.0F0.05；
G71P10Q20X0.3Z0.03F0.2；	Z−35.0；
N10G42G00X0；	X30.0F0.3；
G01Z0；	G00X100.0Z100.0；
X10；	M05；
G03X19.9835Z−5R5.0；	M00；
G01Z−11.0；	N3；
X24.0；	G97G99M03S400；
X27.8Z−13.0；	T0303；
Z−35.0；	G00X30.0Z−5.0；
X28.0165；	G92X28.0Z−33.0F2.0；
Z−41.0；	X27.3；
G02X41.9805Z−48.0R7.0；	X26.6；
G01Z−65.0；	X26.0；
N20G01X47；	X25.6；
G00X100Z100；	X25.4；
M05；	X25.4；
M00；	G00X100.0Z100.0；
N2；	M30；
G97G99M03S350；	

任务二　仿真操作

运用仿真软件进行模拟练习，同时也可以验证所编写程序的对错（参照项目二"加工阶梯轴"的仿真操作）。

【注意】

（1）仿真操作时，应严格按照实训步骤进行，特别是对刀。

（2）根据在普通机床上加工的各种方法及切削用量的选择技巧来进行仿真。

任务三　实训加工

【步骤解析】

一、安装工件

（1）旋开卡爪，将工件放入卡盘，同时伸出卡盘的长度要符合零件尺寸要求 30 mm。慢慢旋紧卡盘，在一个临界状态时（夹紧与未夹紧之间的状态），右手轻轻的左右匀速旋转工件（至少要旋转一周），找到一个合适的位置，同时左手慢慢旋紧卡盘。

（2）在手动方式下，使主轴正转，目测工件旋转时是否打晃。如果发现晃动，则应重新进行工件的安装。另外，也可用杠杆表检测工件是否打晃。

二、安装车刀

FANUC 数控车床采用的是四刀位刀架，因此最多可以同时安装四把刀。本项目需要 90°外圆粗偏刀一把、93°外圆精车刀一把、4 mm 宽切槽刀一把、螺纹刀一把。

三、程序的录入与校验

（1）程序录入：

①在程序编辑状态下新建文件夹，并以 O 开头命名。

②注意随时保存程序。

（2）程序检验。

四、对刀

参照项目二中的任务二"仿真操作"。

五、外圆加工

（1）单段加工。

（2）自动加工。将机床置于"自动"状态，调出所编程序，打开"循环启动"按钮，进行自动加工。

（3）尺寸测量。

六、项目评分表

班级		姓名		学号		日期	
基本检查	序号	检测项目		配分	学生评分	教师评分	
	1	工艺文件		15			
	2	仿真操作		20			
	3	设备正确操作与维护		2			
	4	安全、文明生产		3			
基本检查结果总计				40			
序号	图样尺寸	允差/mm	量具		配分	实际尺寸	分数
			名称	规格/mm		学生测	教师测
1	$\Phi20$ mm	0.033	千分尺	0—25	5		
2	$\Phi28$ mm	0.033	千分尺	25—50	5		
3	$\Phi42$ mm	0.039	千分尺	25—50	5		
4	M28 mm×2 mm	0.039	环规	25—50	15		
5	6 mm×2 mm 槽		游标卡尺	0—150	5		
6	125/R7		R规		5		
7	24 mm		游标卡尺	0—150	3		
8	35 mm		游标卡尺	0—150	3		
9	10 mm		游标卡尺	0—150	3		
10	58 mm	0.3	游标卡尺	0—150	5		
11	2×45°				3		
12	粗糙度				3		
尺寸检测结果总计				60			
基本检查结果		尺寸检测结果			成绩		

本项目通过一个阶梯轴的编程与加工，学会了 G32、G92 指令的应用，同时对于一个零件的完整编程也有了深刻的认识。其中，程序的格式以及编程的步骤应重点记忆，特别是加工的过程，即走刀的路线一定要明白。

仿真与实训加工中，要注意对刀以及加工安全，同时要强调利用磨耗来进行尺寸精度的保证，要反复练习游标卡尺的使用。

项目练习

实训 1：加工如图 7-20 所示零件，材料为铝，最大背吃刀量 $a_p < 2.5$ mm。试编写单件生产加工程序，单位为 mm。

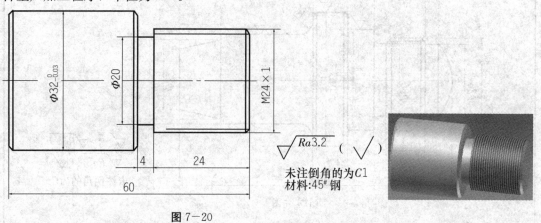

图 7-20

实训 2：加工如图 7-21 所示零件，材料为铝，最大背吃刀量 $a_p < 2.5$ mm。试编写加工程序，单位为 mm。

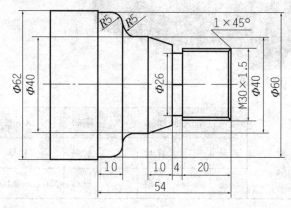

图 7-21

项目八 加工典型零件

本项目加工如图 8-1 所示的典型轴类零件，毛坯尺寸为 $\Phi50$ mm×105 mm，材料为铝棒。要求学生能够熟练地确定该零件的加工工艺，正确地编制零件的加工程序，较好地进行仿真模拟，并完成零件的加工。

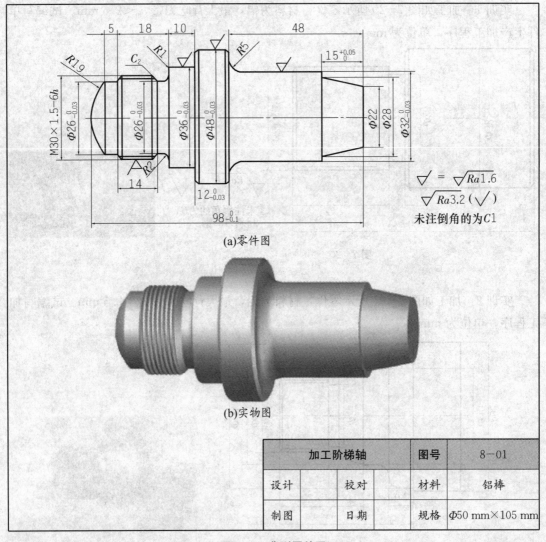

(a)零件图

(b)实物图

加工阶梯轴		图号	8-01
设计	校对	材料	铝棒
制图	日期	规格	$\Phi50$ mm×105 mm

图 8-1 典型零件图

● 熟练地确定该零件的加工工艺。
● 正确地编制零件的加工程序。
● 会使用仿真软件进行模拟练习。
● 能熟练操作 FANUC 系统的数控车床进行实训加工。

任务一　理论编程

【步骤解析】

一、制定加工工艺

该零件主要加工外轮廓表面，零件轮廓包括球头、外圆、螺纹、沟槽、锥体等表面，其中多个直径尺寸与轴向尺寸有较高的尺寸精度，各主要外圆表面的表面粗糙度值均为 $Ra1.6 \mu m$，其余表面的表面粗糙度值均为 $Ra3.2 \mu m$，说明该零件对尺寸精度和表面粗糙度有比较高的要求。因此，加工工艺应安排粗车和精车。零件左右两端的轮廓不能同时加工完成，需要掉头装夹。

1. 加工零件右端

（1）用三爪自定心卡盘夹住毛坯 $\Phi50$ mm 外圆，外伸 70 mm，找正。

（2）对刀，以工件的右端面与主轴回转中心线的交点为原点建立工件坐标系。

（3）粗车 $\Phi48$ mm、$R5$ mm、$\Phi32$ mm 及锥面，留 0.5 mm 的精加工余量。

（4）依次精车锥面、$\Phi32$ mm、$R5$ mm 和 $\Phi48$ mm 外圆至尺寸精度要求。

2. 掉头加工左端

（1）用三爪自定心卡盘夹住毛坯 $\Phi32$ mm 外圆，卡盘顶住 $\Phi48$ mm 的端面，以 $\Phi48$ mm 的外圆面为基准找正。

（2）对刀保长度，以工件的右端面与主轴回转中心线的交点为原点建立工件坐标系。

（3）粗车 $\Phi36$ mm、$R2$ mm、$\Phi30$ mm、$\Phi26$ mm 及 $R19$ mm 球头面，留 0.5 mm 的精加工余量。

（4）依次精车 $R19$ mm 球头面、$\Phi26$ mm、$\Phi30$ mm、$R2$ mm 和 $\Phi36$ mm 的外圆至尺寸精度要求。

（5）螺纹刀车削 M30×1.5 螺纹。

二、尺寸计算

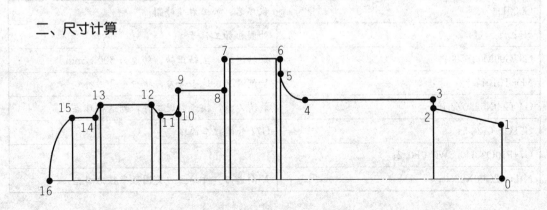

（1）在图中，以右端面与主轴回转中心线的交点 O 为原点建立工件坐标系。

（2）标注各节点并计算（见下表）。

节点	O	1	2	3	4	5	6	7	8
X	0	22.0	28.0	31.985	31.985	42.0	47.985	47.985	35.985
Z	0	0	−15.025	−15.025	−43.0	−48.0	−48.0	−60.0	−60.0
节点	9	10	11	12	13	14	15	16	
X	35.985	25.985	25.985	30.0	30.0	25.985	25.985	0	
Z	−70.0	−70.0	−74.0	−74.0	−88.0	−88.0	−93.0	−98.0	

（3）螺纹大小径。

螺纹大径：$d_大 = D - 0.1P = 30 - 0.1 \times 1.5 = 29.85$（mm）

螺纹小径：$d_小 = D - 1.3P = 30 - 1.3 \times 1.5 = 30 - 1.95 = 28.05$（mm）

三、刀具选择

刀具卡										
课程名称				项目名称				图号		
序号	刀具号	刀偏号	刀具名称	数量	刀尖半径	刀尖方位	主轴转速（n）	进给量（f）	背吃刀量（a_p）	
1	T01	01	90°外圆粗车刀	1	0.4	3	500 r/min	0.2 mm/r	2.0 mm	
2	T02	02	93°外圆精车刀	1	0.4	3	800 r/min	0.08 mm/r	0.25 mm	
3	T03	03	外螺纹刀	1			400 r/min	1.5 mm/r	递减	
编制		审核		批准			共1页		第1页	

四、编程

1. 零件右端加工程序

O0001;	程序名，加工右端外圆
N1;	外圆粗加工代号
G97G99M03S500;	每转进给，主轴正转，转速为 500 r/min
M08T0101;	切削液开，选1号刀，执行1号刀补
G40G00X52.0Z2.0;	取消刀补，快速靠近工件，到达循环点
G71U2.0R0.5;	G71 外圆粗车循环
G71P10Q20U0.5W0.0F0.2;	
N10G42G00X22.0;	X 向进刀，并建立刀尖圆弧半径右补偿

G01Z0.0;	到达锥体起点
X28.0Z−15.025;	精车锥体
X31.985;	精车端面
Z−43.0;	精车 Φ30 mm 外圆
G02X42.0Z−48.0R5.0F0.1;	精车 R5 mm 圆弧
G01X46.0;	精车端面
X47.985Z−49.0;	倒 C1 角
Z−60.0;	精车 Φ48 mm 外圆
N20G01X52.0;	X 向退刀
G00X100.0Z100.0;	退至换刀点
M05;	主轴停止
M00;	程序停止
N2;	外圆精加工代号
G97G99M03S800F0.08;	每转进给，主轴正转，转速为 800 r/min
M08T0202;	切削液开，选2号刀，执行2号刀补
G40G00X52.0Z2.0;	取消刀补，快速靠近工件，到达循环点
G70P10Q20;	G70 外圆精车循环
G00X100.0Z100.0;	退至换刀点
M30;	程序结束

2. 零件左端加工程序

O0002;	程序名，加工左端外圆
G97G99M03S500;	每转进给，主轴正转，转速为 500 r/min
M08T0101;	切削液开，选1号刀，执行1号刀补
G40G00X52.0Z2.0;	取消刀补，快速靠近工件，到达循环点
G71U2.0R0.5;	71 外圆粗车循环
G71P11Q21U0.5W0F0.2;	
N10G42G00X0;	X 向进刀
G01Z0;	到达圆弧起点
G03X26.0Z−5.0R19.0F0.1;	精加工 R19 mm 圆弧
G01Z−10.0;	精加工 Φ26 mm 外圆
X29.85C1.0;	倒 C1 角
Z−22.0;	精加工螺纹顶径
X25.985Z−24.0;	倒 C2 角

Z−26.0；	精车槽底
G02X30.0Z−28.0R2.0F0.1；	精车 R2 mm 圆弧
G01X34.0；	精车端面
G03X35.985Z−29.0R1.0F0.1；	精加工 R1 mm 圆弧
G01Z−38.0；	精加工 Φ36 mm 外圆
X47.985C1.0；	精加工端面，倒 C1 角
N21G01X52.0；	X 向退刀
G00X100.0Z100.0；	退至换刀点
M05；	主轴停止
M00；	程序停止
N2；	外圆精加工代号
G97G99M03S800F0.08；	每转进给，主轴正转，转速为 800 r/min
M08T0202；	切削液开，选 2 号刀，执行 2 号刀补
G40G00X52.0Z2.0；	取消刀补，快速靠近工件，到达循环点
G70P11Q21；	G70 外圆精车循环
G00X100.0Z100.0；	退至换刀点
M30	程序结束
O0003；	程序名，加工螺纹
G97G99M03S400；	每转进给，主轴正转，转速为 400 r/min
M08T03103；	切削液开，选 3 号刀，执行 3 号刀补
G40G00X32.0Z−5.0；	取消刀补，快速靠近工件，到达循环点
G92X29.0Z−25.0F1.5；	螺纹循环，第一次切入 0.85 mm
X28.5；	第二次切入 0.5 mm
X28.2；	第三次切入 0.3 mm
X28.05；	第四次切入 0.15 mm
X28.05；	第五次切入，沿尺寸空走一刀
G00X100.0Z100.0；	退至换刀点
M30；	程序结束

任务二　仿真操作

　　运用仿真软件进行模拟练习，同时也可以验证所编写程序的对错（参照项目二"加工阶梯轴"的仿真操作）。

　　【注意】

　　1. 仿真操作时，应严格按照实训步骤进行，特别是对刀。

　　2. 根据在普通机床上加工的各种方法及切削用量的选择技巧来进行仿真。

任务三 实训加工

【步骤解析】

一、安装工件

工件安装的好坏，直接影响加工过程中的操作。一般可按下列步骤进行。

（1）旋开卡爪，将工件放入卡盘，同时伸出卡盘的长度要符合零件尺寸要求30 mm。慢慢旋紧卡盘，在一个临界状态时（夹紧与未夹紧之间的状态），右手轻轻的左右匀速旋转工件（至少要旋转一周），找到一个合适的位置，同时左手慢慢旋紧卡盘。

（2）在手动方式下，使主轴正转，目测工件旋转时是否打晃。如果发现晃动，则应重新进行工件的安装。另外，也可用杠杆表检测工件是否打晃。

二、安装车刀

FANUC 数控车床采用的是四刀位刀架，因此最多可以同时安装四把刀。本项目需要90°外圆粗车刀和90°外圆精车刀各一把，需螺纹刀一把。如何进行安装，是决定工件成品是否符合精度要求的一个重要因素。车刀安装的高度与角度参见项目一"操作数控车床"。

三、程序的录入与校验

程序的录入与校验是检验程序是否正确的一个关键步骤，对于粗心大意而导致录入错误的有着直观的体现。

1．程序的录入

（1）在程序编辑中新建文件夹，并以 O 开头命名。

（2）将在仿真室模拟验证好的程序，在控制面板上进行录入。注意录入时要仔细认真，防止人为输入错误导致程序不能运行，从而影响加工。这个环节可以练习学生对控制面板的熟练程度，可反复练习。

（3）注意随时保存程序。

2．程序的检验

在主菜单中选择"程序"这一按钮，然后按"程序检验"。注意此时的加工状态是"自动"，为了安全起见，务必引导学生将"机床锁定"按钮打开。通过检验的图形，重新检查程序，发现问题及时解决，直到检验无误为止。

四、对刀

参照项目二中的任务二"仿真操作"。

【注意】

（1）对刀过程中一定严格按照对刀步骤进行。

（2）试切时，背吃刀量不能太大，注意图形尺寸。

（3）对刀过程要严格把关，在教师认可下才可进行加工，否则要反复练习，直到熟练为止。

五、加工

这个任务是建立在程序录入和对刀都正确的基础上的，进入实质加工阶段。一般来说，应分为单段和自动两个步骤来进行。

（1）单段加工。

（2）自动加工。将机床置于"自动"状态，调出所编程序，打开"循环启动"按钮，进行自动加工。

（3）尺寸测量。尺寸是加工中必须要保证的，看一个产品是否合格，关键就是看尺寸精度是否达到图纸要求。如何保证尺寸是这个环节的重点。一般应采取粗—精加工的方式，在精加工中不断测量，并通过刀偏来调整。另外就是对千分尺和游标尺的使用情况。这个环节应反复练习。

六、项目评分表

班级		姓名		学号		日期	

	序号	检测项目		配分	学生评分	教师评分
基本检查	1	工艺文件		15		
	2	仿真操作		20		
	3	设备正确操作与维护		2		
	4	安全、文明生产		3		
		基本检查结果总计		40		

序号	图样尺寸		量具		配分	实际尺寸		分数
			名称	规格/mm		学生测	教师测	
1	外圆	$\Phi 48_{-0.03}^{0}$ mm	千分尺	25—50	4			
2		$\Phi 32_{-0.03}^{0}$ mm	千分尺	25—50	4			
3		$\Phi 36_{-0.03}^{0}$ mm	千分尺	25—50	4			
4		$\Phi 26_{-0.03}^{0}$ mm	千分尺	25—50	4			
5	锥面	$15_{0}^{+0.05}$ mm	深度尺		2			
6		涂色	涂色检验		3			
7	圆弧	$R19$ mm	圆弧样板		2			
8		$R5$ mm	R规		1			

9		48 mm	深度尺		2		
10		$12_{-0.03}^{0}$ mm	游标卡尺		3		
11	长度	5 mm	游标卡尺		2		
12		18 mm	深度卡尺		2		
13		10 mm	深度尺		2		
14		$98_{-0.1}^{0}$	游标卡尺		3		
15	倒角	C1（3 处）	目测		3		
16		C2	目测		1		
17	圆角	R1 mm	R 规		1		
18		R2 mm	R 规		1		
19	螺纹	M30 mm×1.5 mm	环规		8		
20	表面	Ra1.6	目测		4		
21		Ra3.2	目测		4		
尺寸检测结果总计					60		
基本检查结果		尺寸检测结果				成绩	

以下情况为否决项（出现以下情况的，本部分不予评分，按 0 分计）：

（1）任一项的尺寸超差＞0.2 mm 以上的，不予评分。

（2）对刀误差造成整个加工图素 Z 向的位置偏差＞0.3 mm 以上的，不予评分。

（3）零件加工部分形状与图纸不符的（主要图素、倒角等小错误除外），不予评分。

（4）零件加工不完整的（包括螺纹、倒角等小错误除外），不予评分。

（5）零件有严重碰伤、过切的，不予评分。

项目小结　本项目通过一个典型零件的编程与加工，将所学的外圆柱面、圆弧面、螺纹等知识串联起来，系统地综合起来，学会了如何对一个零件图进行分析、如何使用 G71 指令、如何保精度尺寸等，重点强化训练车间实训加工以及加工时间的把握。

仿真与实训加工中，要注意对刀以及加工安全，要反复练习游标卡尺的使用。

项目练习

实训 1：加工如图所示零件，材料为铝，毛坯尺寸为 Φ60 mm×170 mm，选 FANUC 系统 CKA6140 机床，最大背吃刀量 a_p＜2.5 mm。试编写单件生产加工程序，单位为 mm。

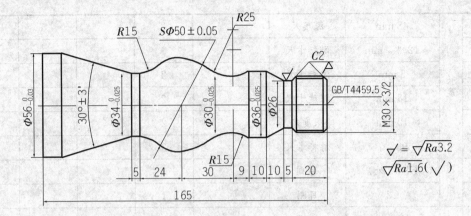

实训 2：加工如图所示零件，材料为铝，毛坯尺寸为 $\Phi30\ \text{mm} \times 105\ \text{mm}$，选 FANUC 系统 CKA6140 机床，最大背吃刀量 $a_p < 2.5\ \text{mm}$。试编写加工程序，单位为 mm。

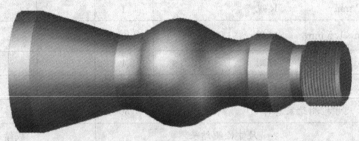

实训 3：加工如图所示零件，材料为铝，毛坯尺寸为 $\Phi45\ \text{mm} \times 85\ \text{mm}$，选 FANUC 系统 CKA6140 机床，最大背吃刀量 $a_p < 2.5\ \text{mm}$。试编写加工程序，单位为 mm。

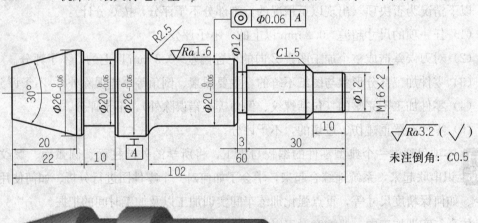

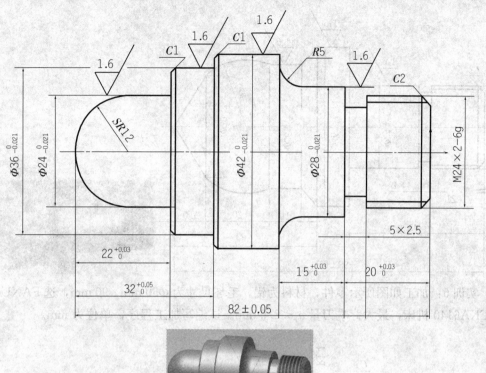

实训4：加工如图所示零件，材料为铝，毛坯尺寸为 Φ45 mm×145 mm，选 FANUC 系统 CKA6140 机床，最大背吃刀量 a_p<2.5 mm。试编写加工程序，单位为 mm。

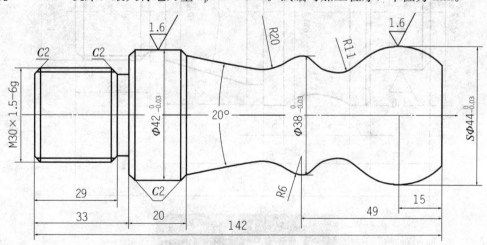

实训5：加工如图所示零件，材料为铝，毛坯尺寸为 Φ50 mm×100 mm，选 FANUC 系统 CKA6140 机床，最大背吃刀量 a_p<2.5 mm。试编写加工程序，单位为 mm。

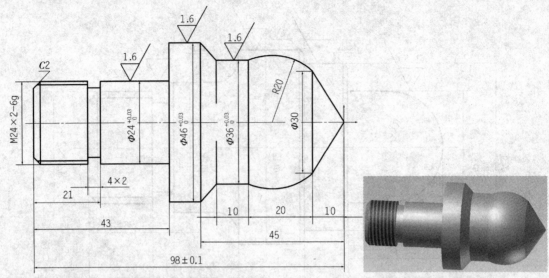

实训 6：加工如图所示零件，材料为铝，毛坯尺寸为 Φ50 mm×90 mm，选 FANUC 系统 CKA6140 机床，最大背吃刀量 a_p＜2.5 mm。试编写加工程序，单位为 mm。

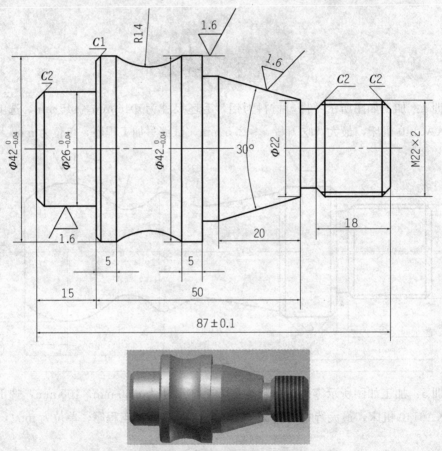

实训 7：加工如图所示零件，材料为铝，毛坯尺寸为 Φ50 mm×85 mm，选 FANUC 系统 CKA6140 机床，最大背吃刀量 a_p＜2.5 mm。试编写加工程序，单位为 mm。

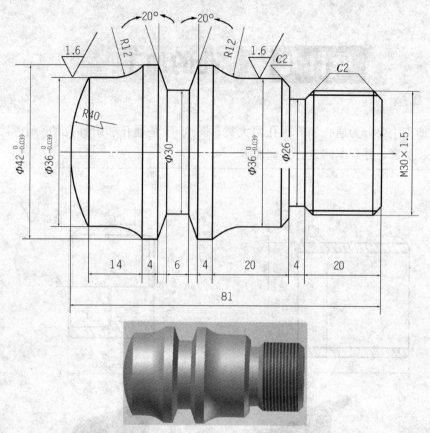

实训 8：加工如图所示零件，材料为铝，毛坯尺寸为 Φ50 mm×125 mm，选 FANUC 系统 CKA6140 机床，最大背吃刀量 a_p＜2.5 mm。试编写加工程序，单位为 mm。

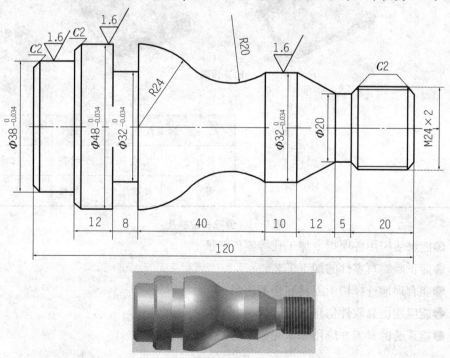

项目九　　孔的加工

孔的加工主要分为通孔和阶梯孔两大类。图9-1是通孔和阶梯孔的一个实例，要求手工编程、仿真，并到车间进行实训加工。

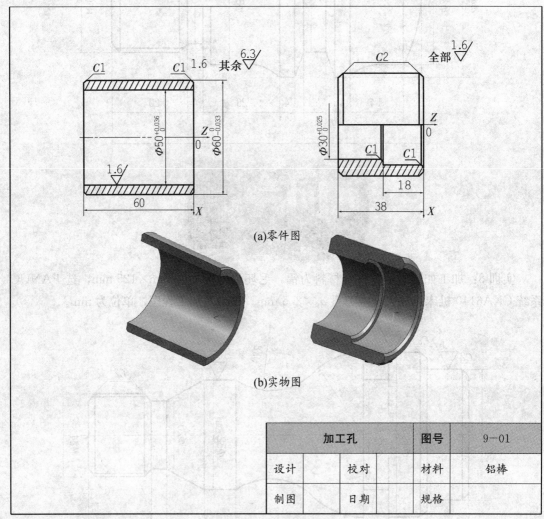

(a)零件图

(b)实物图

加工孔		图号	9-01
设计	校对	材料	铝棒
制图	日期	规格	

图9-1　通孔和阶梯孔

●能灵活应用各项指令加工孔等零件特征。

●能正确编写零件的加工工艺。

●能合理地选择切削刀具和切削用量。

●能应用仿真软件仿真加工过程。

●能正确的对刀并应用车床完成零件的实训加工。

基础知识

一、孔加工工艺

孔加工有两种情况，一种是在实体工件上加工孔，另一种是在有工艺孔的工件上再加工孔。前者一般采用先钻孔、扩孔，再车孔和铰孔的方法加工；后者则可以根据孔加工要求直接进行粗、精镗或铰孔等加工。

二、钻孔加工

对于精度要求不高的内孔，可以用麻花钻直接钻出；对于精度要求较高的孔，钻孔后还需要通过镗刀或铰孔才能完成。选用麻花钻时，应根据下一道工序的要求留出加工余量，麻花钻的长度应使钻头螺旋部分稍长于孔深。

钻孔时需要注意以下几点：

（1）钻孔前工件端面要车平，以利于钻头准确定心。

（2）用直径小的麻花钻钻孔时，先用中心钻钻出浅孔用以定心，再用钻头钻孔。

（3）钻孔时转速应选高一些，并及时排屑。

【知识链接】——麻花钻

麻花钻是最常用的钻孔工具，它适合加工低精度的孔，也可用于扩孔。

麻花钻的组成如图 9-1 所示，麻花钻的各组成部分名称及功能如下：

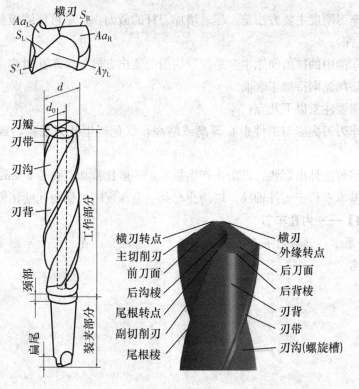

图 9-1　麻花钻

（1）装夹部分。装夹部分用于与机床的连接并传递动力，包括钻柄与颈部。小直径钻头用圆柱柄，直径在 12 mm 以上的均做成莫氏锥柄。锥柄端部制成扁尾，插到钻套中的腰形孔中，可用斜楔将钻头从钻套中击出。颈部直径略小，上面印有厂标、规格等标记。

（2）工作部分。工作部分用于导向、排屑，也是切削部分的后备。外圆柱上两条螺旋形棱边也称刃带，可用于保持孔形尺寸和钻头进给时的导向。两条螺旋刃沟是排屑的通道。钻体中心部称为钻芯，连接两条刃瓣。

（3）切削部分。切削部分指钻头前端有切削刃的区域，由两个前面、两个后面、两个副后面组成。

①前面是两条螺旋沟槽中以切削刃为母线形成的螺旋面。

②后面的形状由刃磨方法与机床或夹具的运动决定。

③副后面就是刃带棱面。

④主切削刃位于前、后面交汇的区域，横刃位于两主后面交汇的区域，副切削刃是两条刃沟与刃带棱面交汇的两条螺旋线。普通麻花钻共有三条主刃，两条副刃，即左右切削刃、横刃和两条棱边。

三、车削孔

通孔车削基本上与车外圆相同，可用 G00、G01 等指令来完成孔的粗车，只是 X 向进刀和退刀方向与车外圆相反。车孔的关键是解决内孔车刀的刚度问题和内孔车削中的排屑问题。

增加内孔车刀刚度主要方法是：尽量增加刀杆的截面积，尽可能缩短到杆的伸出长度（只需略大于孔深）。

解决内孔车削中的排屑问题主要是控制切削的流出方向。精车孔时应采用正刃倾角内孔车刀，以使切削流向待加工表面。

车削孔时需要注意以下几点：

（1）内孔车刀刀尖应与工件中心等高或略高，以免产生扎刀现象，或造成孔径尺寸增大。

（2）刀柄尽可能伸出短些，以防止产生振动，一般比被加工孔长 5 mm~10 mm。

（3）刀柄基本平行于工件轴线，以防止车到一定深度时刀柄与孔壁相撞。

【知识链接】——内孔车刀

如图 9-2 所示，三种内孔车刀：Ⅰ—用于车削通孔；Ⅱ—用于车削盲孔；Ⅲ—用于切割凹槽和倒角。

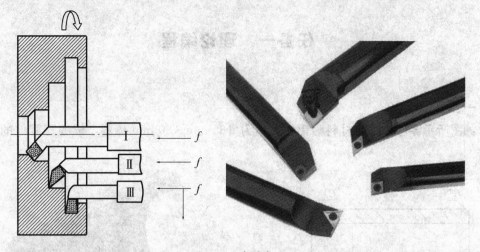

图 9-2　内孔车刀

内孔车刀的工作条件较外圆车刀差。这是由于内孔车刀的刀杆悬伸长度和刀杆截面尺寸都受孔的尺寸限制，当刀杆伸出较长而截面较小时，刚度低，容易引起振动。

加工孔时刀具的进退刀方式如图 9-3 所示。

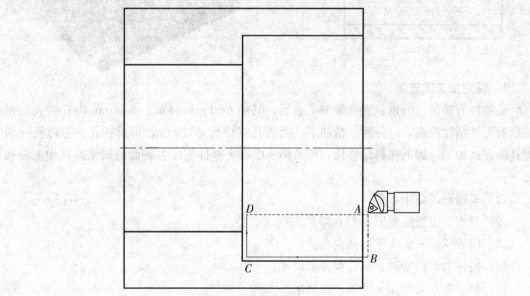

图 9-3　内孔车刀的进退刀方式

（1）$A \to B$，沿 $+X$ 方向快速进刀。

（2）$B \to C$，刀具以指令中指定的 F 值进给切削。

（3）$C \to D$，刀具沿 $-X$ 方向退刀。

（4）D，$\to A$ 刀具沿 $+Z$ 方向快速退刀。

提示　（1）循环起点 A 在轴向上离开工件一段距离（1 mm～2 mm），以保证快速进刀时的安全。

（2）D 点在径向上不要离 C 点太远，以提高生产率。

数控车工技能训练项目教程

任务一　理论编程

一、通孔的加工

如图所示零件，已知材料为铝，毛坯为 $\Phi65$ mm×80 mm 棒料，试编写零件的加工程序。

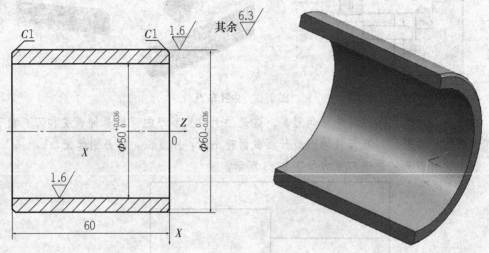

1. 制定加工工艺

该零件有外形、倒角、通孔等加工表面，其中 $\Phi60$ mm 外圆、$\Phi50$ mm 内孔的表面粗糙度及尺寸精度较高，应分粗、精加工。因通孔直径为 $\Phi50$ mm，可用钻孔→粗镗孔→精镗孔的方式加工。因毛胚料足够长，可采用一次装夹零件完成各表面的加工。其加工步骤如下：

（1）车端面，钻中心孔。

（2）对刀，设置编程原点 O 在零件右端面中心。

（3）用 $\Phi47$ mm 钻头手动钻内孔。

（4）换镗刀，镗 $\Phi50$ mm 孔至要求尺寸。

（5）粗、精车 $\Phi60$ mm 外圆、右倒角。

（6）换切刀，车左倒角、切断。

（7）车端面，钻中心孔。

（8）对刀，设置编程原点 O 在零件右端面中心。

（9）用 $\Phi47$ mm 钻头手动钻内孔。

（10）换镗刀，镗 $\Phi50$ mm 孔至要求尺寸。

（11）粗、精车 $\Phi60$ mm 外圆、右倒角。

（12）换切刀，车左倒角、切断。

2．尺寸计算

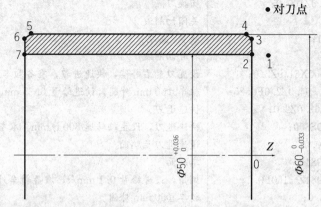

（1）在图中，以右端面与主轴回转中心线的交点 O 为原点建立工件坐标系。

（2）标注各节点并计算（见下表）。

节点	对刀点	O	1	2	3	4	5	6	7
X	62.0	0	50.018	50.018	57.984	59.984	59.984	57.984	50.018
Z	2.0	0	2.0	0.0	0.0	−1.0	−59.0	−60.0	−60.0

3．刀具选择

序号	刀具名称	刀具号	刀偏号	进给量 (f)	主轴转速 (n)	背吃刀量 (a_p)	刀尖半径 (mm)	刀尖方位 T
1	90°外圆偏刀	T01	01	0.2 mm/r	500r/min	2.0/0.25	0.4	3
2	硬质合金通孔镗刀	T02	02	0.2/0.1	500/800	1/0.5	0.4	2
3	切刀（刀宽4 mm）	T03	03	0.05	350	4		

4．编程

序号：O2009		
程序段号	程序内容	说明
N10	G40G97G99M03S500；	取消刀具补偿，设主轴正转，转速为 500 r/min
N20	T0202；	换通孔镗刀
N30	M08；	打开切削液
N40	G41G00X49.0Z2.0；	设置刀具左补偿，快速进刀，准备粗车Φ50 mm孔
N50	G01Z−64.0F0.2；	粗车Φ50 mm孔，设进给量为 0.2 mm/r
N60	G00X47.0Z2.0；	快速退刀
N70	X50.018S800；	快速进刀，设主轴转速为 800 r/min
N80	G01Z−64.0F0.1；	精车孔，设进给量为 0.1 mm/r
N90	G40G01X47.0；	取消刀具补偿

N100	G00Z2.0;	快速退刀
N110	X200.0Z100.0;	回换刀点
N120	M09;	关闭切削液
N130	T0101;	换90°偏刀
N140	M08;	打开切削液
N150	G42G00X61.0Z2.0;	设置刀具右补偿，快速进刀，准备粗车Φ60 mm外圆
N160	G01Z−64.0Z2.0F0.25;	粗车Φ60 mm外圆，设进给量0.25 mm/r
N170	G00X62.0Z2.0;	快速退刀
N180	X50.0S800;	快速进刀，设主轴转速800 r/min，准备倒角
N190	G01Z0.0;	慢速进刀至端面
N200	X57.984;	车端面
N210	X59.984Z−1.0F0.1;	倒角，设进给量0.1 mm/r，准备精车外圆
N220	Z−64.0;	精车Φ60 mm外圆
N230	G40G01X65.0;	取消刀具半径补偿
N240	G00X200.0Z100.0;	快速退刀至换刀点
N250	M09;	关闭切削液
N260	T0303;	换切刀
N270	M08;	打开切削液
N280	G00X62.0Z−64.0S350;	快速进刀，设主轴转速350 r/min，准备切槽
N290	G01X58.0F0.05;	车槽，设进给量0.05 mm/r
N300	X62.0;	退刀
N310	G00W1.0;	移刀，增量编程方式
N320	G01X59.984;	快速进刀，准备切左倒角
N330	X57.984Z−64.0;	切左倒角
N340	X48.0;	切断
N350	G00X200.0Z100.0;	快速退刀至换刀点
N360	M30;	程序结束

二、阶梯孔的加工

如图所示零件，已知材料为铝，毛坯为 Φ50 mm×65 mm 棒料，试编写零件的加工程序。

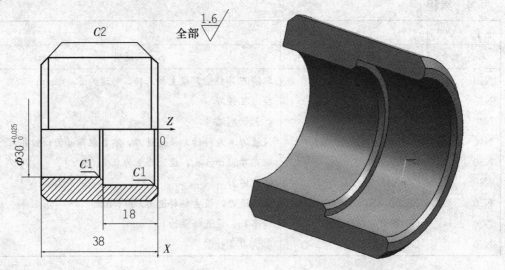

1．制定加工工艺

该零件有外圆、台阶孔、内外倒角等加工表面，表面的粗糙度要求较高，应分粗、精加工。因孔的最小尺寸为 $\Phi 30$ mm，可用钻孔→粗镗孔→精镗孔的加工方式加工。其中 $\Phi 35$ mm，$\Phi 30$ mm 有尺寸精度要求，取极限尺寸的平均值进行加工。由于棒料较长，可采用一次装夹零件完成各表面的加工。其加工步骤如下：

（1）车端面，手动钻中心孔。

（2）用 $\Phi 28$ mm 钻头手动钻内孔。

（3）粗、精车外圆，倒角。

（4）换镗刀，粗、精镗阶梯孔。

（5）换镗刀，车左外倒角，切断。

2．尺寸计算

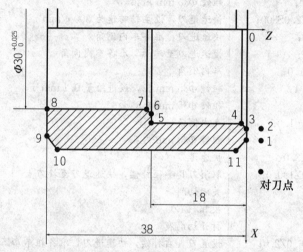

（1）在图中，以右端面与主轴回转中心线的交点 O 为原点建立工件坐标系。

（2）标注各节点并计算（见下表）。

节点	对刀点	O	1	2	3	4	5	6	7	8	9	10	11
X	52.0	0	41.0	37.02	37.02	35.02	35.02	32.013	30.013	30.013	41.0	45.0	41.0
Z	2.0	0	2.0	2.0	0.0	−1.0	−18.0	−18.0	−19.0	−38.0	−38.0	−36.0	−2.0

3．刀具选择

序号	刀具名称	刀具号	刀偏号	进给量 (f)	主轴转速 (n)	背吃刀量 (a_p)	刀尖半径 (mm)	刀尖方位 T
1	90°外圆偏刀	T01	01	0.25/0.1	500 r/min	2.0/0.25	0.4	3
2	硬质合金不通孔镗刀	T02	02	0.15/0.1	500/800	1/0.5	0.4	2
3	切刀（刀宽 4 mm）	T03	03	0.05	350	4		

4. 编程

程序号：O2010		
程序段号	程序内容	说明
N10	G40G97G99M03S500;	取消刀具补偿，设主轴正转，转速为 500 r/min
N20	T0202;	换镗刀
N30	M08;	打开切削液
N40	G41G00X28.02.0S500;	设置刀具左补偿，快速进刀至粗镗 Φ35 mm 内孔循环起点，设主轴转速为 500 r/min，准备粗镗内孔
N50	G90X31.0Z−18F0.15;	粗镗Φ35 mm 孔切削循环第一次，切削量1.5 mm，设进给量 0.15 mm/r
N60	X34.0;	粗镗Φ35 mm 孔切削循环第二次，切削量1.5 mm 快速进刀，准备粗镗Φ30 mm 内孔
N70	G00X29.0;	
N80	G01Z−42.0;	粗镗Φ30 mm 内孔
N90	G00X28.0Z2.0S800;	快速退刀，设主轴转速为 800 r/min
N100	G00X37.02;	快速进刀，准备车内倒角
N110	G01Z0.0;	慢速进刀至端面，准备车内倒角
N120	X35.02Z−1.0;	车内倒角
N130	Z−18.0F0.1;	粗镗Φ35 mm 孔，设进给量 0.1 mm/r
N140	X32.013;	粗镗Φ35 mm 孔端面
N150	X30.013W−1.0;	车内倒角
N160	Z−42.0;	粗镗Φ30 mm 内孔
N170	G00X28.0Z2.0;	快速退刀
N180	G40X200.0Z100.0;	取消刀具半径补偿，快速退刀至换刀点
N190	M09;	关闭切削液
N200	T0101;	换 90°偏刀
N210	M08;	打开切削液
N220	G42G00X46.0Z2.0;	设置刀具右补偿，快速进刀，准备粗车 Φ45 mm 外圆
N230	G01Z−42.0F0.25;	粗车Φ45 mm 外圆，设进给量 0.25 mm/r
N240	G00X48.0Z2.0;	快速退刀
N250	X41.0;	快速进刀，准备倒角
N260	G01Z0.0F1.0;	慢速进刀至端面，准备倒角
N270	X45.0Z−2.0S800;	倒角，设主轴转速 800 r/min，准备精车外圆
N280	Z−42.0F0.1;	精车Φ45 mm 外圆，设进给量 0.1 mm/r
N290	G40G00X200.0Z100.0;	取消刀具半径补偿，快速退刀至换刀点
N300	M09;	关闭切削液
N310	T0303;	换切刀
N320N330	M08;	打开切削液
N340	G00X47.0Z−42.0S350;	快速进刀，设主轴转速 350 r/min，准备切槽
N350	X47.0F0.05;	车槽，设进给量 0.05 mm/r 退刀
N360	G00W2.0;	移刀，增量编程方式，准备切左倒角
N370	G01X45.0;	慢速进刀，准备车左倒角
N380	X41.0Z−42.0;	车左倒角
N390	X28.0;	切断
N400	G00X200.0Z100.0;	快速退刀至换刀点
N410	M30;	程序结束

任务二 仿真操作

运用仿真软件进行模拟练习，同时也可以验证所编写程序的对错（参照项目二"加工阶梯轴"的仿真操作）。

【注意】

（1）仿真操作时，应严格按照实训步骤进行，特别是对刀。

（2）根据在普通机床上加工的各种方法及切削用量的选择技巧来进行仿真。

任务三 实训加工

【步骤解析】

一、安装工件

工件安装的好坏，直接影响加工过程中的操作。一般可按下列步骤进行：

（1）旋开卡爪，将工件放入卡盘，同时伸出卡盘的长度要符合零件尺寸要求。慢慢旋紧卡盘，在一个临界状态时（夹紧与未夹紧之间的状态），右手轻轻的左右匀速旋转工件（至少要旋转一周），找到一个合适的位置，同时左手慢慢旋紧卡盘。

（2）在手动方式下，使主轴正转，目测工件旋转时是否打晃。如果发现晃动，则应重新进行工件的安装。另外，也可用杠杆表检测工件是否打晃。

（3）铸孔或锻孔毛坯工件，装夹时一定要根据内外圆校正，既要保证内孔有加工余量，又要保证与非加工表面的相互位置。

（4）装夹薄壁孔件，不能夹得太紧，否则，加工后的工件会产生变形，影响镗孔精度。对于精度要求较高的薄壁孔类零件，在粗加工之后、精加工之前，应稍将卡爪放松，但夹紧力要大于切削力，再进行精加工。

二、镗刀的装夹

FANUC数控车床采用的是四刀位刀架，因此最多可以同时安装四把刀。本项目需要硬质合金镗刀。如何进行安装，是决定工件成品是否符合精度要求的一个主要因素。镗刀的安装一般要注意以下几点：

（1）刀杆伸出刀架处的长度应尽可能短，以增加刚性，避免因刀杆弯曲变形，而使孔产生锥形误差。

（2）刀尖应略高于工件旋转中心，以减小振动和避免扎刀现象出现，防止镗刀下部碰坏孔壁，影响加工精度。

（3）刀杆要装正，不能歪斜，以防止刀杆碰坏已加工表面。

由于镗刀刀杆刚性差，加工时容易产生变形和振动。为了保证镗孔质量，精镗时一定要采用试切方法，并选用比精车外圆更小的背吃刀量 a_p 和进给量 f，并要多次走刀，以消

数控车工技能训练项目教程

除孔的锥度。

镗台阶孔和不通孔时，应在刀杆上用粉笔或划针作记号，以控制镗刀进入的长度。

镗孔生产率较低，但镗刀制造简单，大直径和非标准直径的孔都可加工，通用性强，多用于单件小批量生产中。

三、程序的录入与校验

程序的录入与校验是检验程序是否正确的一个关键步骤，对于粗心大意导致录入错误有着直观的体现。

1. 程序的录入

（1）在程序编辑中新建文件夹，并以 O 开头命名。

（2）将在仿真室模拟验证好的程序，在控制面板上进行录入。注意录入时要仔细认真，防止人为输入错误导致程序不能运行，从而影响加工。这个环节可以练习学生对控制面板的熟练度，可反复练习。

（3）注意随时保存程序。

2. 程序的检验

在主菜单中选择"程序"这一按钮，然后按"程序检验"。注意此时的加工状态是"自动"，为了安全起见，务必引导学生将"机床锁定"按钮打开。通过检验的图形，重新检查程序，发现问题及时解决，直到检验无误为止。

四、对刀

内孔车刀的对刀方式如下：

1. X 方向对刀

在手动方式下主轴正转，移动刀架使其靠近零件右端面，内孔车刀车一内孔面，车削长度够测量工具测量内孔直径即可，刀具沿+Z方向退出，X方向不要移动刀具，主轴停转，测量已车内孔直径。按［OFFSET/SETTING］键，然后按［形状］软功能键，把光标移动到相应刀号位置，输入 X 及数值（数值为测量内孔直径值），按［测量］软键，完成 X 方向对刀。

2. Z 方向对刀

在手动方式下主轴旋转，内孔车刀靠近工件右端面，当刀尖移动到右端面上时，按［OFFSET/SETTING］键，然后按［形状］软功能键，把光标移动到相应刀号位置，输入 Z0，按［测量］软键，沿+Z 向退刀，完成内孔车刀 Z 方向对刀。

五、加工

这个任务是建立在程序录入和对刀都正确的基础上的，进入实质加工阶段。一般来说，应分为单段和自动两个步骤来进行。

1. 单段加工

这个步骤主要还是用来检验对刀是否正确，在程序的开头有个对刀点必须设置。使用单段加工命令，使刀具移动到对刀点，观察是否与所编程序一致。如果一致则说明对刀正确，可进行自动加工；否则，必须重新对刀。

2．自动加工

将机床置于"自动"状态，调出所编程序，打开"循环启动"按钮，进行自动加工。

3．尺寸测量

尺寸是加工中必须要保证的，看一个产品是否合格，关键就是看尺寸精度是否达到图纸要求。如何保证尺寸是这个环节的重点。一般应采取粗—精加工的方式，在精加工中不断测量，并通过刀偏来调整。另外，对千分尺和游标尺的使用应反复练习。

六、项目评分表

班级		姓名		学号		日期	
基本检查	序号	检测项目		配分	学生评分	教师评分	
	1	工艺文件		15			
	2	仿真操作		20			
	3	设备正确操作与维护		2			
	4	安全、文明生产		3			
基本检查结果总计				40			
序号	图样尺寸	允差/mm	量具		配分	实际尺寸		分数
			名称	规格/mm		学生测	教师测	
1								
2								
3								
4								
5								
6								
7								
尺寸检测结果总计					60			
基本检查结果		尺寸检测结果			成绩			

以下情况为否决项（出现以下情况的，本部分不予评分，按 0 分计）：

（1）任一项的尺寸超差＞0.2 mm 以上的，不予评分。

（2）对刀误差造成整个加工图素 Z 向的位置偏差＞0.3 mm 以上的，不予评分。

（3）零件加工部分形状与图纸不符的（主要图素、倒角等小错误除外），不予评分。

（4）零件加工不完整的（包括螺纹、倒角等小错误除外），不予评分。

（5）零件有严重碰伤、过切的，不予评分。

【知识链接】——孔测量工具的使用

内孔的测量主要使用两种工具：

（一）游标卡尺

当测量零件的内尺寸时（如图 9-4 所示），要使量爪分开的距离小于所测内尺寸，进入零件内孔后，再慢慢张开并轻轻接触零件内表面，用固定螺钉固定尺框后，轻轻取出卡尺来读数。取出量爪时，用力要均匀，并使卡尺沿着孔的中心线方向滑出，不可歪斜，以免使量爪扭伤变形和受到不必要的磨损，同时会使尺框走动，影响测量精度。卡尺两测量刃应在孔的直径上，不能偏歪。

图 9-4　使用游标卡尺测量零件的内尺寸

如图 9-5 所示，为带有刀口形量爪和带有圆柱面形量爪的游标卡尺在测量内孔时正确的和错误的位置。当量爪在错误位置时，其测量结果将比实际孔径 D 要小。

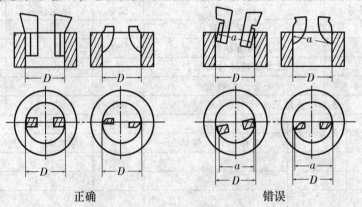

正确　　　　　　　　　　　　　　错误

图 9-5　测量内孔时正确与错误的位置

使用下量爪的外测量面测量内尺寸时（如图 9-6（a）和图 9-6（b）所示的两种游标卡尺测量内尺寸），使读取的测量结果一定要把量爪的厚度加上去，即游标卡尺上的读数加上量爪的厚度才是被测零件的内尺寸。

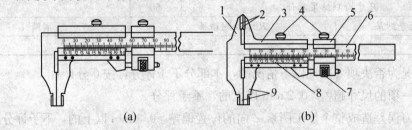

（a）　　　　　　　　　　　　　　（b）

图 9-6　游标卡尺的读数加上量爪的厚度

测量范围在 500 mm 以下的游标卡尺，量爪厚度一般为 10 mm。但当量爪磨损和修理后，量爪厚度就要小于 10 mm，读数时这个修正值也要考虑进去。

（二）内径百分表

内径百分表是内量杠杆式测量架和百分表的组合（如图 9-7 所示），用以测量或检验零件的内孔、深孔直径及其形状精度。内径百分表测量架的内部结构，如图 9-8 所示。

在三通管 3 的一端装着活动测量头 1，另一端装着可换测量头 2，垂直管口一端，通过连杆 4 装有百分表 5。活动测头 1 的移动，使传动杠杆 7 回转，通过活动杆 6，推动百分表的测量杆，使百分表指针产生回转。由于传动杠杆 7 的两侧触点是等距离的，当活动测头移动 1 mm 时，活动杆也移动 1 mm，推动百分表指针回转一圈。所以，活动测头的移动量，可以在百分表上读出来。两触点量具在测量内径时，不容易找正孔的直径方向，定心护桥 8 和弹簧 9 就起了一个帮助找正直径位置的作用，使内径百分表的两个测量头正好在内孔直径的两端。活动测头的测量压力由活动杆 6 上的弹簧控制，保证测量压力一致。内径百分表活动测头的移动量，小尺寸的只有 0~1 mm，大尺寸的可有 0~3 mm，它的测量范围是由更换或调整可换测头的长度来达到的。因此，每个内径百分表都附有成套的可换测头。国产内径百分表的读数值为 0.01 mm，测量范围有 10 mm~18 mm、18 mm~35 mm、35 mm~50 mm、50 mm~100 mm、100 mm~160 mm、160 mm~250 mm、250 mm~450 mm。用内径百分表测量内径是一种比较量法，测量前应根据被测孔径的大小，在专用的环规或百分尺上调整好尺寸后才能使用。调整内径百分表的尺寸时，选用可换测头的长度及其伸出的距离（大尺寸内径百分表的可换测头，是用螺纹旋上去的，故可调整伸出的距离，小尺寸的不能调整），使被测零件的尺寸在活动测头总移动量的中间位置。

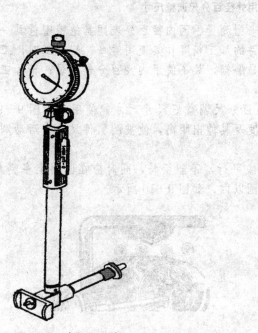

图 9-7　内径百分表

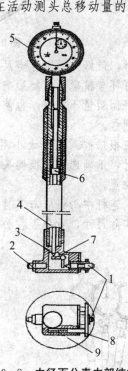

图 9-8　内径百分表内部结构

内径百分表的示值误差比较大，如测量范围为 35 mm~50 mm 的，示值误差为 ±0.015 mm。为此，使用时应当经常在专用环规或百分尺上校对尺寸（习惯上称为校对零位），并增加测量次数，以便提高测量精度。

内径百分表的指针摆动读数，刻度盘上每一格为 0.01 mm，盘上刻有 100 格，即指针每转一圈为 1 mm。

内径百分表的使用方法：

内径百分表用来测量圆柱孔，它附有成套的可调测量头，使用前必须先进行组合和校对零位。组合时，将百分表装入连杆内，使小指针指在 0~1 的位置上，长指针和连杆轴线重合，刻度盘上的字应垂直向下，以便于测量时观察，装好后应予紧固。

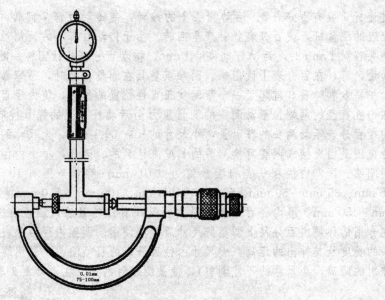

图9-9　用外径百分尺调整尺寸

　　粗加工时，最好先用游标卡尺或内卡钳测量。因内径百分表同其他精密量具一样属贵重仪器，其好坏与精确性直接影响到工件的加工精度和其使用寿命。粗加工时，工件加工表面粗糙不平而测量不准确，也使测头易磨损，故不使用内径百分表测量；精加工时，再用它来进行测量。

　　测量前应根据被测孔径大小用外径百分尺调整好尺寸后才能使用，如图9-9所示。在调整尺寸时，正确选用可换测头的长度及其伸出距离，使被测零件尺寸在活动测头总移动量的中间位置。

　　测量时，连杆中心线应与工件中心线平行，不能歪斜，同时应在圆周上多测几个点，找出孔径的实际尺寸，看是否在公差范围以内，如图9-10所示。

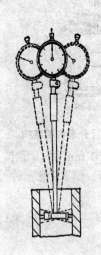

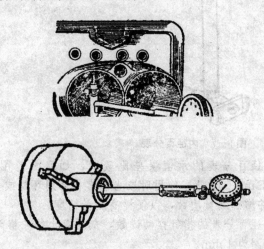

图9-10　内径百分表的使用方法

项目拓展

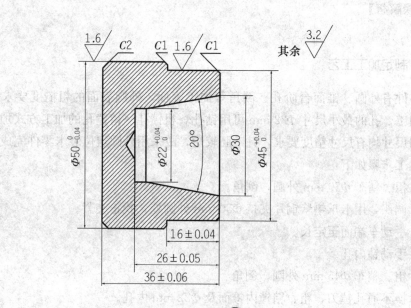

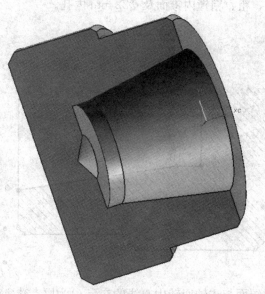

孔的加工		图号	9－02
设计	校对	材料	铝棒
制图	日期	规格	Φ55 mm×40 mm

任务一 理论编程

【步骤解析】

一、制定加工工艺

该零件有外圆、锥面台阶孔、倒角等加工表面，外圆表面的粗糙度要求较高，应分粗、精加工。孔的最小尺寸 $\Phi22$ mm 可用钻孔→粗镗孔→精镗孔的加工方式加工。由于内孔、外圆尺寸均有尺寸精度要求，且毛胚较短，故采用外圆定位装卡零件完成各表面的加工。其加工步骤如下：

（1）粗、精车 $\Phi50$ mm 外圆，倒角。

（2）调头，用卡爪垫紫铜片夹持 $\Phi50$ mm 外圆处，找正夹紧。

（3）手动车端面至定长。

（4）手动钻内孔。

（5）粗、精车 $\Phi45$ mm 外圆，倒角。

（6）换不通孔镗刀，粗、精镗内锥面及 $\Phi22$ mm 内孔。

二、尺寸计算

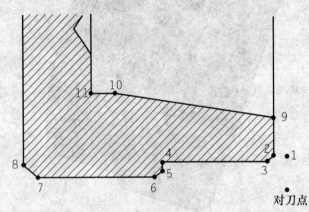

（1）在图中，以右端面与主轴回转中心线的交点 O 为原点建立工件坐标系。

（2）标注各节点并计算（见下表）。

节点	对刀点	0	1	2	3	4	5	6	7	8	9	10	11
X	57.0	0	43.02	43.02	45.02	45.02	47.98	49.98	49.98	45.98	30.0	22.02	22.02
Z	2.0	0	2.0	0.0	−1.0	−16.0	−16.0	−17.0	−35.0	−36.0	0.0	−21.92	−26.0

三、刀具选择

刀具卡										
课程名称			项目名称				图号			
序号	刀具号	刀偏号	刀具名称	数量	刀尖半径	刀尖方位	主轴转速 (n)	进给量 (f)	背吃刀量 (a_p)	
1	T01	01	90°外圆偏刀	1	0.4	3	500 r/min	0.25 mm/r	0.5 mm	
2	T01	01	硬质合金不通孔镗刀	1	0.4	2	500 r/min	0.2 mm/r	0.5 mm	
编制		审核		批准			共 1 页		第 1 页	

四、编程

程序号：O2011（夹右边，加工左边程序）		
程序段号	程序内容	说明
N10	G40G97G99M03S500;	取消刀具补偿，设主轴正转，转速为 500 r/min
N20	T0101;	换 90°偏刀
N30	M08;	打开切削液
N40	G42G00X51.0Z2.0;	设置刀具右补偿，快速进刀，准备粗车Φ51 mm 外圆
N50	G01Z−20.0F0.25;	粗车Φ50 mm 外圆至Φ51 mm，设进给量 0.25 mm/r
N60	G00X53.0Z2.0;	快速退刀
N70	X45.98S800;	快速进刀，准备倒角，设主轴转速 800 r/min
N80	G01Z0.0;	慢速进刀至端面，准备车倒角
N90	X49.98Z−2.0F1.0;	倒角，准备精车外圆，设进给量 0.1 mm/r
N100	Z−20.0;	精车Φ50 mm 外圆
N110	G40G01X55.0;	取消刀具半径补偿
N120	M09;	关闭切削液
N130	G00X200.0Z100.0;	快速退刀至换刀点
N140	M30;	程序结束

程序号：O2012（调头，夹左边，加工右边程序）		
程序段号	程序内容	说明
N10	G40G97G99M03S500;	取消刀具补偿，设主轴正转，转速为 500 r/min
N20	T0101;	换 90°偏刀
N30	M08;	打开切削液
N40	G42G00X55.0Z2.0;	设置刀具右补偿，快速进刀，至粗车Φ45 mm 外圆循环起点
N50	G90X52.0Z−16.0F0.25;	循环粗车Φ45 mm 外圆第一次，设进给量 0.25 mm/r，切削量 1.5 mm

N60	X49.0;	循环粗车Φ45 mm外圆第二次,切削量1.5 mm
N70	X46.0;	循环粗车Φ45 mm外圆第三次,切削量1.5 mm
N80	G00X43.02Z2.0;	快速进刀,准备车外倒角
N90	G01Z0.0;	慢速进刀至端面,准备车倒角
N100	X45.02Z−1.0F0.1;	车外倒角,设进给量0.1 mm/r
N110	Z−16.0S800;	精车Φ45 mm外圆,设主轴转速800 r/min
N120	X47.98;	车端面
N130	X49.98W−1.0;	倒角
N140	G40G01X55.0;	取消刀具半径补偿
N150	G00X200.0Z100.0;	快速退刀至换刀点
N160	M09;	关闭切削液
N170	T0202	换镗刀
N180	M08;	打开切削液
N190	G41G00X18.0Z2.0S500F0.15;	设置刀具左补偿,快速进刀至循环起点
N200	G71U1.0R0.5;	定义粗车循环
N210	G71P220Q270U−0.5W0.05;	精车路线由N220~N270指定,X方向精车余量0.5 mm,Z方向精车余量0.05 mm
N220	G41G00X30.0S800;	精加工轮廓
N230	G01Z0.0F0.1;	
N240	X22.0Z−21.92;	
N250	Z−26.0;	
N260	X15.0;	
N270	G40X14.0Z2.0;	取消刀补
N280	G70P220Q270;	定义G70精车循环
N290	G00X200.0Z100.0;	快速退刀至换刀点
N300	M30;	程序结束

任务二　仿真操作

　　运用仿真软件进行模拟练习,同时也可以验证所编写程序的对错(参照项目二"加工阶梯轴"的仿真操作)。

　　【注意】

　　(1) 仿真操作时,应严格按照实训步骤进行,特别是对刀。

　　(2) 根据在普通机床上加工的各种方法及切削用量的选择技巧来进行仿真。

任务三 实训加工

【步骤解析】

一、安装工件

工件安装的好坏，直接影响加工过程中的操作。一般可按下列步骤进行：

（1）旋开卡爪，将工件放入卡盘，同时伸出卡盘的长度要符合零件尺寸要求。慢慢旋紧卡盘，在一个临界状态时（夹紧与未夹紧之间的状态），右手轻轻的左右匀速旋转工件（至少要旋转一周），找到一个合适的位置，同时左手慢慢旋紧卡盘。

（2）在手动方式下，使主轴正转，目测工件旋转时是否打晃。如果发现晃动，则应重新进行工件的安装。另外，也可用杠杆表检测工件是否打晃。

（3）铸孔或锻孔毛坯工件，装夹时一定要根据内外圆校正，既要保证内孔有加工余量，又要保证与非加工表面的相互位置。

（4）装夹薄壁孔件，不能夹得太紧，否则，加工后的工件会产生变形，影响镗孔精度。对于精度要求较高的薄壁孔类零件，在粗加工之后、精加工之前，应稍将卡爪放松，但夹紧力要大于切削力，再进行精加工。

二、镗刀的装夹

FANUC 数控车床采用的是四刀位刀架，因此最多可以同时安装四把刀。本项目需要硬质合金镗刀。如何进行安装，是决定工件成品是否符合精度要求的一个重要因素。镗刀的安装一般要注意以下几点：

（1）刀杆伸出刀架处的长度应尽可能短，以增加刚性，避免因刀杆弯曲变形，而使孔产生锥形误差。

（2）刀尖应略高于工件旋转中心，以减小振动和避免扎刀现象出现，防止镗刀下部碰坏孔壁，影响加工精度。

（3）刀杆要装正，不能歪斜，以防止刀杆碰坏已加工表面。

由于镗刀刀杆刚性差，加工时容易产生变形和振动。为了保证镗孔质量，精镗时一定要采用试切方法，并选用比精车外圆更小的背吃刀量 a_p 和进给量 f，并要多次走刀，以消除孔的锥度。

镗台阶孔和不通孔时，应在刀杆上用粉笔或划针作记号，以控制镗刀进入的长度。

镗孔生产率较低，但镗刀制造简单，大直径和非标准直径的孔都可以加工，通用性强，多用于单件小批量生产中。

三、程序的录入与校验

程序的录入与校验是检验程序是否正确的一个关键步骤，对于粗心大意而导致录入错误的有着直观的体现。

1．程序的录入

（1）在程序编辑中新建文件夹，并以 O 开头命名。

（2）将在仿真室模拟验证好的程序，在控制面板上进行录入。注意录入时要仔细认真，防止人为输入错误导致程序不能运行，从而影响加工。这个环节可以练习学生对控制面板的熟练程度，可反复练习。

（3）注意随时保存程序。

2．程序的检验

在主菜单中选择"程序"这一按钮，然后按"程序检验"。注意此时的加工状态是"自动"，为了安全起见，务必引导学生将"机床锁定"按钮打开。通过检验的图形，重新检查程序，发现问题及时解决，直到检验无误为止。

四、对刀

内孔车刀的对刀方式如下：

1．X 方向对刀

在手动方式下主轴正转，移动刀架使其靠近零件右端面，内孔车刀车一内孔面，车削长度够测量工具测量内孔直径即可，刀具沿 +Z 方向退出，X 方向不要移动刀具，主轴停转，测量已车内孔直径。按［OFFSET/SETTING］键，然后按［形状］软功能键，把光标移动到相应刀号位置，输入 X 及数值（数值为测量内孔直径值），按［测量］软键，完成 X 方向对刀。

2．Z 方向对刀

在手动方式下主轴旋转，内孔车刀靠近工件右端面，当刀尖移动到右端面上时，按［OFFSET/SETTING］键，然后按［形状］软功能键，把光标移动到相应刀号位置，输入 Z0，按［测量］软键，沿 +Z 向退刀，完成内孔车刀 Z 方向对刀。

五、加工

这个任务是建立在程序录入和对刀都正确的基础上的，进入实质加工阶段。一般来说，应分为单段和自动两个步骤来进行。

1．单段加工

这个步骤主要还是用来检验对刀是否正确，在程序的开头有个对刀点必须设置。使用单段加工命令，使刀具移动到对刀点，观察是否与所编程序一致。如果一致，则说明对刀正确，可进行自动加工；否则，必须重新对刀。

2.　自动加工

将机床置于"自动"状态，调出所编程序，打开"循环启动"按钮，进行自动加工。

3.　尺寸测量

尺寸是加工中必须要保证的，看一个产品是否合格，关键就是看尺寸精度是否达到图纸要求。如何保证尺寸是这个环节的重点。一般应采取粗—精加工的方式，在精加工中不断测量，并通过刀偏来调整。另外，对千分尺和游标尺的使用应反复练习。

六、项目评分表

班级		姓名		学号			日期	
基本检查	序号	检测项目			配分	学生评分	教师评分	
	1	工艺文件			15			
	2	仿真操作			20			
	3	设备正确操作与维护			2			
	4	安全、文明生产			3			
基本检查结果总计					40			
序号	图样尺寸	允差/mm	量具		配分	实际尺寸		分数
			名称	规格/mm		学生测	教师测	
1								
2								
3								
4								
5								
6								
7								
尺寸检测结果总计					60			
基本检查结果		尺寸检测结果				成绩		

以下情况为否决项（出现以下情况的，本部分不予评分，按 0 分计）：

（1）任一项的尺寸超差＞0.2 mm 以上的，不予评分。

（2）对刀误差造成整个加工图素 Z 向的位置偏差＞0.3 mm 以上的，不予评分。

（3）零件加工部分形状与图纸不符的（主要图素、倒角等小错误除外），不予评分。

（4）零件加工不完整的（包括螺纹、倒角等小错误除外），不予评分。

（5）零件有严重碰伤、过切的，不予评分。

项目小结　本项目通过通孔、盲孔以及阶梯孔梯轴的编程与加工，学会了内孔的加工、内孔刀的对刀，同时对于内孔加工和外圆加工的不同及注意事项也有了深刻的认识。其中，内孔刀的进退刀路线要特别注意，避免撞刀。

仿真与实训加工中，要注意对刀以及加工安全，要反复练习游标卡尺和内径百分表的使用。

项目练习

实训 1：加工如图所示零件，已知材料为铝，毛坯尺寸为 $\Phi40$ mm$\times$35 mm 棒料。试编写零件的加工程序。

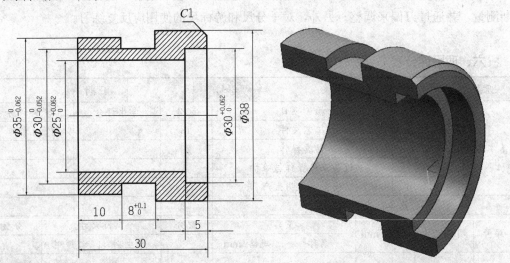

实训 2：如图所示零件，已知材料为铝，毛坯为 $\Phi40$ mm$\times$40 mm 棒料。试编写零件的加工程序。

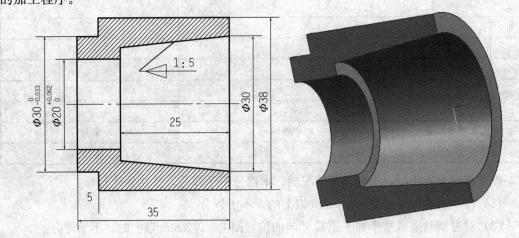

项目十　加工内螺纹

螺纹加工主要分为外螺纹加工和内螺纹加工，前面我们已学了外螺纹的加工，下面学习内螺纹的加工。图 10-1 是内螺纹的一个实例，要求手工编程、仿真并到车间进行实训加工。

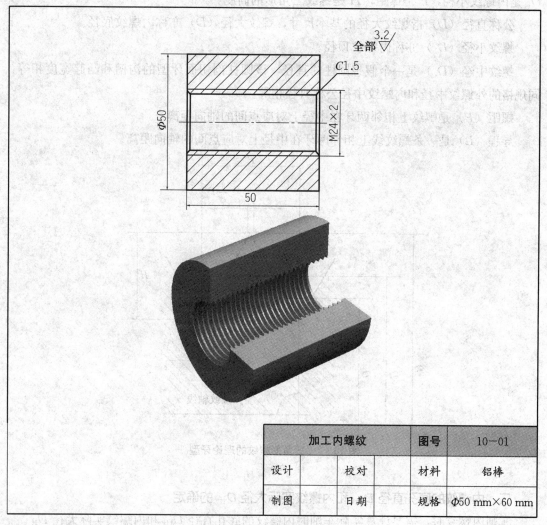

加工内螺纹		图号	10-01
设计	校对	材料	铝棒
制图	日期	规格	Φ50 mm×60 mm

图 10-1　内螺纹的加工

 ●能灵活应用 G92 指令加工螺纹特征。

●能正确编写零件的加工工艺。

●能合理地选择切削刀具和切削用量。

●能应用仿真软件仿真加工过程。

●能正确的对刀并应用车床完成零件的实训加工。

基础知识

一、普通内螺纹牙型的参数

如图 10-2 所示,在三角形螺纹的理论牙型中,D 是内螺纹大径,D_2 是内螺纹中径,D_1 是内螺纹小径,P 是螺距,H 是螺纹三角形的高度。

公称直径(D)指螺纹大径的基本尺寸,螺纹大径(D)亦称内螺纹底径。

螺纹小径(D_1)亦称内螺纹顶径。

螺纹中经(D_2)是一个假想圆柱的直径,该圆柱剖切面牙型的沟槽和凸起宽度相等,同规格的外螺纹中径和内螺纹中径公称直径相等。

螺距(P)是螺纹上相邻两牙在中径上对应点间的轴向距离。

导程(L)是一条螺纹线上相邻两牙在中径上对应点间的轴向距离。

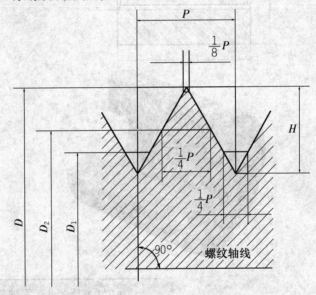

图 10-2　三角形螺纹的理论牙型

二、内螺纹的底孔直径 $D_{1计}$ 和内螺纹实际大径 $D_{计}$ 的确定

车削内螺纹时,需要计算实际车削时内螺纹的底孔直径 $D_{1计}$ 和内螺纹实际大径 $D_{计}$。

车削图 10-1 中 M24×2 内螺纹,零件材料为铝。试计算实际车削时内螺纹的底孔直径 $D_{1计}$ 和内螺纹实际大径 $D_{计}$。

由于车刀切削时的挤压作用,内孔直径要缩小,所以车削内螺纹的底孔直径应大于螺纹小径。计算公式如下:

$$D_{1计} = (D - 1.0826P)^{+\delta}$$

式中，D—内螺纹的公称直径（mm）；P—内螺纹的螺距（mm）；δ—内螺纹的大径公差（mm）。

一般实际车削时内螺纹的底孔直径：

钢和塑性材料取 $D_{1\text{计}} = D - P$。

铸铁和脆性材料取 $D_{1\text{计}} = D - (1.05 \sim 1.1) P$。

内螺纹实际牙型高度同外螺纹，$h_{1\text{实}} = 0.6495P$，内螺纹实际大径 $D_{\text{计}} = D$，内螺纹小径 $D_1 = D - 1.3P$。

在例 10-1 中实际车削时内螺纹的底孔直径取 $D_{1\text{计}} = D - P = (24 - 2) = 22$（mm）。螺纹实际牙型高度取 $h_{1\text{实}} = 0.65P = 0.65 \times 2 = 1.3$（mm）。

内螺纹实际大径 $D_{\text{计}} = D = 24$ mm，内螺纹小径 $D_1 = D - 1.3P = (24 - 1.3 \times 2) = 21.4$（mm）。

任务一　理论编程

如图 10-1 所示，内螺纹的底孔已车完，$C1.5$ 的倒角已加工，零件材料为铝。用 G92 指令编制该螺纹的加工程序。

一、制定加工工艺

该工件有 $C1.5$ 的内倒角、内孔以及 $M24 \times 2$ 的内螺纹。先用镗刀将其内倒角加工出来，并将内孔镗至 $\Phi22$ mm，最后用内螺纹刀将内螺纹 $M24 \times 2$ 加工出来。其加工步骤如下：

(1) 车端面，钻中心孔。

(2) 对刀，设置编程原点 O 在零件右端面中心。

(3) 用 $\Phi20$ mm 钻头手动钻内孔。

(4) 换镗刀，镗 $\Phi22$ mm 孔至要求尺寸以及车右倒角。

(5) 换内螺纹刀加工 $M24 \times 2$ 螺纹。

(6) 换内切刀，车左倒角、切断。

二、尺寸计算

实际车削时取内螺纹的底孔直径 $D_{1\text{计}} = D - P = (24 - 2) = 22$（mm）。

螺纹实际牙型高度 $h_{1\text{实}} = 0.65P = (0.65 \times 2) = 1.3$（mm）。

内螺实际大径 $D_{\text{计}} = D = 24$（mm）。

内螺纹小径 $D_1 = D - 1.3P = (24 - 1.3 \times 2) = 21.4$（mm）。

升速进刀段和减速退刀段分别取 $\delta_1 = 5$ mm，$\delta_2 = 2$ mm。

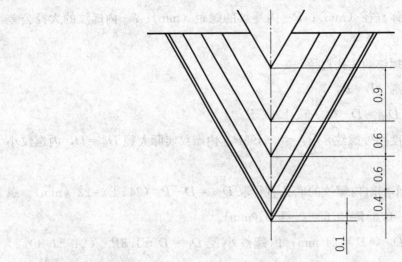

查表得知常用螺纹加工走刀次数与分层切削余量，从而得双边切深为 2.6 mm。加工过程分五刀切削，分别为 0.9 mm、0.6 mm、0.6 mm、0.4 mm 和 0.1 mm，其 X 坐标分别为 X22.3、X22.9、X23.5、X23.9、X24.0，如图所示。

主轴转速 $n \leqslant 1200/P - K = 1200/2 - 80 = 520$（r/min），取 $n = 400$（r/min），进给量 $f = P = 2$ mm。

三、刀具选择

刀具卡									
课程名称			项目名称				图号		
序号	刀具号	刀偏号	刀具名称	数量	刀尖半径	刀尖方位	主轴转速 (n)	进给量 (f)	背吃刀量 (a_p)
1	T01	01	90°外圆偏刀	1	0.4	3	500 r/min	0.25 mm/r	0.5 mm
2	T01	01	硬质合金不通孔镗刀	1	0.4	2	500 r/min	0.2 mm/r	0.5 mm
3	T03	03	内沟槽刀	1			350 r/min		
4	T04	04	内螺纹刀	1	0.2		400 r/min		
编制		审核		批准			共1页	第1页	

四、编程

程序段号	程序内容	说明
N10	G40G97G99S400M03;	主轴正转 400 r/min
N20	T0404;	螺纹刀 T04
N30	M08;	切削液开
N40	G00X20.0Z5.0;	螺纹加工循环起点
N50	G92X22.3Z−52.0F2.0;	螺纹车削循环第一刀，实际切深 0.7 mm，螺距为 2 mm
N60	X22.9;	第二刀，切深 0.6 mm
N70	X23.5;	第三刀，切深 0.6 mm
N80	X23.9;	第四刀，切深 0.4 mm
N90	X24.0;	第五刀，切深 0.1 mm
N100	X24.0;	光一刀，切深为 0 mm
N110	G00X200.0Z100.0;	X 向退刀至换刀点
N120	M30;	程序结束

任务二 仿真操作

运用仿真软件进行模拟练习，同时也可以验证所编写程序的对错（参照项目二"加工阶梯轴"的仿真操作）。

【注意】

（1）仿真操作时，应严格按照实训步骤进行，特别是对刀。

（2）根据在普通机床上加工的各种方法及切削用量的选择技巧来进行仿真。

任务三 实训加工

一、安装工件

内螺纹零件的加工都是镗孔的后续步骤，因此内螺纹零件的装夹和镗孔零件的装夹是一样的。

二、内螺纹车刀的装夹

（1）刀柄的伸出长度应大于内螺纹长度约 10 mm～20 mm。

（2）刀尖应与工件轴心线等高。如果装得过高，车削时容易引起振动，使螺纹表面产生鱼鳞斑；如果装得过低，刀头下部会与工件发生摩擦，车刀切不进去。

（3）应将螺纹对刀样板侧面靠平工件端面，刀尖部分进入样板的槽内进行对刀，如图10−4 所示，同时调整并夹紧刀具。

（4）装夹好的螺纹车刀应在底孔内手动试走一次，如图 10-5 所示，以防正式加工时刀柄和内孔相碰而影响加工。

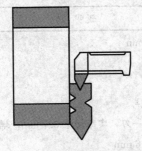

图 10-4　内螺纹车刀的对刀

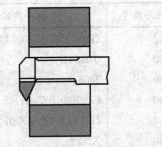

图 10-5　检查刀柄是否与孔底相碰

三、程序的录入与校验

程序的录入与校验是检验程序是否正确的一个关键步骤，对于粗心大意而导致录入错误的有着直观的体现。

1．程序的录入

（1）在程序编辑中新建文件夹，并以 O 开头命名。

（2）将在仿真室模拟验证好的程序，在控制面板上进行录入。注意录入时要仔细认真，防止人为输入错误导致程序不能运行，从而影响加工。这个环节可以练习学生对控制面板的熟练程度，可反复练习。

（3）注意随时保存程序。

2．程序的检验

在主菜单中选择"程序"这一按钮，然后按"程序检验"。注意此时的加工状态是"自动"，为了安全起见，务必引导学生将"机床锁定"按钮打开。通过检验的图形，重新检查程序，发现问题及时解决，直到检验无误为止。

四、对刀

内螺纹刀的对刀方式如下：

1．X 方向对刀

在手动方式下主轴正转，移动刀架使其靠近零件右端面，内螺纹刀刀尖接触内孔面，刀具沿 +Z 方向退出，X 方向不要移动刀具，主轴停转，测量已知内孔直径。按 [OFF-SET/SETTING] 键，然后按 [形状] 软功能键，把光标移动到相应的刀号位置，输入 X 及数值（数值为测量内孔直径值），按 [测量] 软键，完成 X 方向对刀。

2．Z 方向对刀

在手动方式下主轴旋转，将内螺纹刀靠近工件的右端面，当内螺纹刀刀尖与已加工好的右端面平齐时，按 [OFFSET/SETTING] 键，然后按 [形状] 软功能键，把光标移动到相应的刀号位置，输入 Z0，按 [测量] 软键，沿 +Z 向退刀，完成内孔车刀 Z 方向对刀。

五、加工

这个任务是建立在程序录入和对刀都正确的基础上的，进入实质加工阶段。一般来说，应分为单段和自动两个步骤来进行。

1. 单段加工

这个步骤主要还是用来检验对刀是否正确，在程序的开头有个对刀点必须设置。使用单段加工命令，使刀具移动到对刀点，观察是否与所编程序一致。如果一致则说明对刀正确，可进行自动加工；否则，必须重新对刀。

2. 自动加工

将机床置于"自动"状态，调出所编程序，打开"循环启动"按钮，进行自动加工。

3. 尺寸测量

尺寸是加工中必须要保证的，看一个产品是否合格，关键就是看尺寸精度是否达到图纸要求。如何保证尺寸是这个环节的重点。一般应采取粗—精加工的方式，在精加工中不断测量，并通过刀偏来调整。另外，对千分尺和游标尺的使用应反复练习。

六、项目评分表

班级		姓名		学号		日期	
基本检查	序号	检测项目		配分	学生评分	教师评分	
	1	工艺文件		15			
	2	仿真操作		20			
	3	设备正确操作与维护		2			
	4	安全、文明生产		3			
基本检查结果总计				40			
序号	图样尺寸	允差/mm	量具 名称	量具 规格/mm	配分	实际尺寸 学生测	实际尺寸 教师测	分数
1								
2								
3								
4								
5								
6								
7								
尺寸检测结果总计					60			
基本检查结果		尺寸检测结果			成绩			

以下情况为否决项（出现以下情况的，本部分不予评分，按0分计）：

（1）任一项的尺寸超差＞0.2 mm以上的，不予评分。

（2）对刀误差造成整个加工图素Z向的位置偏差＞0.3 mm以上的，不予评分。

（3）零件加工部分形状与图纸不符的（主要图素、倒角等小错误除外），不予评分。

（4）零件加工不完整的（包括螺纹、倒角等小错误除外），不予评分。

（5）零件有严重碰伤、过切的，不予评分。

【知识链接】——内螺纹车刀刃磨与内螺纹的测量

（一）内螺纹车刀刃磨

准备好高速钢刀具材料、刀具图样、细粒砂轮（如80#白刚玉砂轮）、护目眼镜、冷却用水、角度尺和样板，如图10-6所示

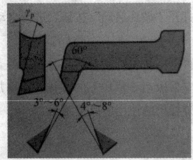
(a)刀具图样

(b)实物

图10-6 三角形内螺纹车刀刃磨准备

内螺纹车刀刃磨操作步骤见表10-1。

表10-1 内螺纹车刀刃磨操作步骤

步骤		图示
1	根据螺纹长度和牙型深度刃磨出留有刀头的伸出刀杆部分	
2	刃磨进给方向后刀面	

步骤		图示
3	刃磨背进给方向后刀面，以初步形成两刃夹角	
4	刃磨前刀面，以形成前角	
5	粗、精磨后刀面，并用螺纹车刀样板来测量刀尖角	
6	修磨刀尖	
7	磨出径向后角，防止与螺纹顶径相碰（磨圆弧形，以形成两个后角）	

（二）内螺纹的测量

内螺纹的测量一般采用如图 10—7 所示的螺纹塞规进行综合测量。测量时，若螺纹塞规通端能顺利拧入工件，而止端拧不进工件，则说明螺纹合格。检查不通孔螺纹时，塞规通端拧进的长度应达到图样的要求。

图 10—7 螺纹塞规

项目拓展

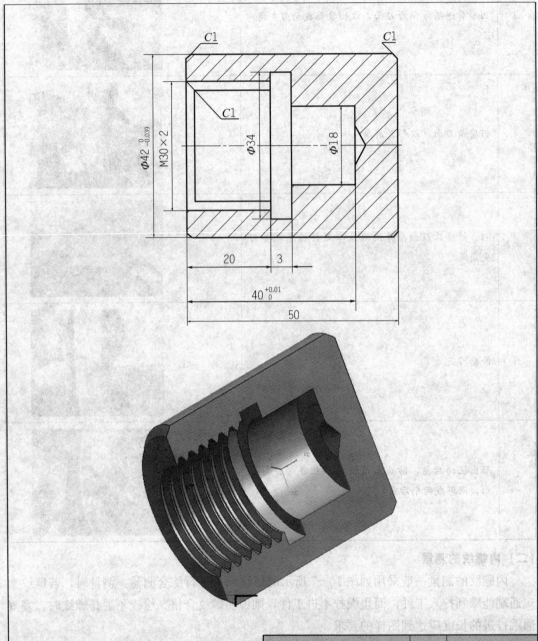

多阶梯轴加工		图号	10—02
设计	校对	材料	铝棒
制图	日期	规格	$\Phi 45\ mm \times 90\ mm$

任务一 理论编程

【步骤解析】

一、制定加工工艺

该零件有外圆、孔、内窄沟槽以及内外倒角等加工表面，表面的粗糙程度要求较高，应分粗、精加工，因最小孔尺寸为 $\Phi18$ mm，且 $\Phi28$ mm 内孔尺寸精度要求高，可用钻孔 →粗镗孔→精镗孔的加工方式加工。由于内外表面有同轴度要求，因而采用一次装卡切断方式完成加工。其加工步骤如下：

(1) 车端面，钻中心孔。

(2) 换 $\Phi18$ mm 麻花钻钻内孔。

(3) 粗、精车外圆。

(4) 换镗刀，粗、精镗内孔，内倒角。

(5) 换内孔切刀，切内沟槽。

(6) 换切刀，车左倒角，切断。

二、尺寸计算

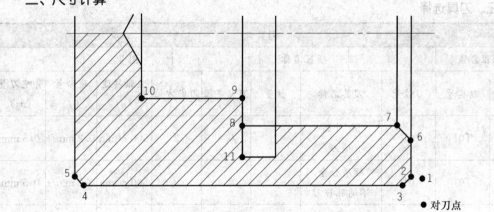

(1) 在图中，以右端面与主轴回转中心线的交点 O 为原点建立工件坐标系。

(2) 标注各节点并计算（见下表）。

节点	对刀点	0	1	2	3	4	5	6	7	8	9	10	11
X	47.0	0	39.981	39.981	41.981	41.981	39.981	30.0	28.0	28.0	41.0	18.0	34.0
Z	2.0	0	2.0	0.0	−1.0	−49.0	−50.0	0.0	−1.0	−23.0	−23.0	−40.01	−23.0

螺纹实际牙型高度 $h_{1实}=0.65P=0.65\times2=1.3$ （mm）。

内螺实际大径 $D_{计}=D=30$ mm。

内螺纹小径 $D_1=D-1.3P=30-1.3\times2=27.4$ （mm）。

升速进刀段和减速退刀段分别取 $\delta_1=5$ mm，$\delta_2=2$ mm。

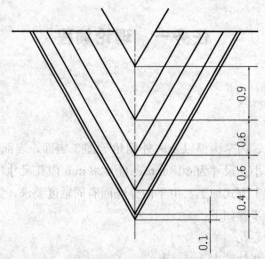

查表得知常用螺纹加工走刀次数与分层切削余量，从而得双边切深为 2.6 mm。加工过程分五刀切削，分别为 0.9 mm、0.6 mm、0.6 mm、0.4 mm 和 0.1 mm，其 X 坐标分别为 X28.3、X28.9、X29.5、X29.9、X30.0。

主轴转速 $n \leqslant 1200/P - K = 1200/2 - 80 = 520$（r/min），取 $n = 400$（r/min），进给量 $f = P = 2$ mm。

三、刀具选择

刀具卡									
课程名称			项目名称				图号		
序号	刀具号	刀偏号	刀具名称	数量	刀尖半径	刀尖方位	主轴转速 (n)	进给量 (f)	背吃刀量 (a_p)
1	T01	01	90°外圆偏刀	1	0.4	3	500 r/min	0.2 mm/r	0.5 mm
2	T01	01	硬质合金不通孔镗刀	1	0.4	2	500 r/min	0.2 mm/r	0.5 mm
3	T03	03	硬质合金切刀（刀宽为 4 mm）	1			350 r/min		
4	T04	04	硬质合金内孔切刀（刀宽为 3 mm）	1			350 r/min		
5	T02	02	60°内螺纹刀	1	0.2		400 r/min		
编制		审核		批准			共1页	第1页	

四、编程

程序号: O2013		
程序段号	程序内容	说明
N10	G40G97G99M03S500;	取消刀具补偿,设主轴正转,转速为 500 r/min
N20	T0101;	换90°偏刀到位
N30	M08;	打开切削液
N40	G42G00X47.0Z2.0;	设置刀具右补偿,快速进刀,准备粗车Φ42 mm 外圆
N50	X43.0;	
N60	G01Z-54.0F0.25;	粗车Φ42 mm 外圆,设进给量 0.25 mm/r
N70	X45.0;	
N80	G00Z2.0;	快速退刀
N90	X39.981;	快速进刀,准备倒角
N100	G01Z0.0;	
N110	X41.981Z-1.0F0.1;	倒角,设进给量 0.1 mm/r 准备精车外圆
N120	Z-54.0S800;	精车Φ50 mm 外圆。设主轴转速 800 r/min
N125	G40G00X200.0Z100.0;	取消刀具半径补偿,快速退刀至换刀点
N130	M05;	主轴停止
N140	M00;	程序暂停
N150	T0101;	换镗刀
N160	M03;	主轴正转
N170	G00X16.0Z2.0S500F0.15;	快速进刀,设主轴转速为500 r/min,设进给量0.15mm/r,准备粗镗Φ28mm内孔
N180	G71U1R0.5;	定义粗车循环,切削深度 1 mm,退刀量 0.5 mm
N190	G71P200Q270U-0.5W0.05;	粗车路线由N200~N270指定,X方向粗车余量0.5mm,Z方向粗车余量0.05mm
N200	G41G00X30.0Z2.0S800;	定义粗加工轮廓,设置刀具左补偿
N210	G01Z0.0F0.08;	
N220	X28.0Z-1.0;	
N230	Z-23.0;	
N240	X18.0;	
N250	Z-40.01;	
N260	X16.0;	
N270	G00 Z2.0;	
N280	G70P200Q270;	定义 G70 精车循环,精车内孔表面

N290	G40G00X200.0Z100.0；	取消刀具补偿，快速退刀至换刀点
N300	M05；	主轴停止
N310	M00	程序暂停
N320	T0404；	换切槽刀
N330	M08；	打开切削液
N340	G00X16.0Z2.0；	快速进刀
N350	Z−23.0S300；	快速进刀，准备切槽，设主轴转速为 300 r/min
N360	G01X34.0F0.05；	车槽第一刀，设进给量 0.05 mm/r
N370	G04U2.0；	进给暂停 2s
N380	G01X16.0；	退刀
N390	G00Z2.0；	退刀
N400	G00X200.0Z100.0；	快速退刀至换刀点
N410	M05	主轴停止
N420	M00；	程序暂停
N430	T0303；	换切刀
N440	M03；	主轴正转
N450	G00X44.0Z−54.0；	快速进刀
N460	G01X39.981F0.05；	切槽
N470	G00X44.0；	退刀
N480	W1.0；	移刀
N490	G01X41.981；	慢速进刀至外圆表面，准备车倒角
N500	X39.981Z−54.0；	车倒角
N510	X16.0；	切断
N520	G00X200.0Z100.0；	快速退刀至换刀点
N530	M09；	切削液关闭
N540	M30；	程序结束

任务二　仿真操作

运用仿真软件进行模拟练习，同时也可以验证所编写程序的对错（参照项目二"加工阶梯轴"的仿真操作）。

【注意】

（1）仿真操作时，应严格按照实训步骤进行，特别是对刀。

（2）根据在普通机床上加工的各种方法及切削用量的选择技巧来进行仿真。

任务三 实训加工

【步骤解析】

一、安装工件

（1）旋开卡爪，将工件放入卡盘，同时伸出卡盘的长度要符合零件尺寸要求 30 mm。慢慢旋紧卡盘，在一个临界状态时（夹紧与未夹紧之间的状态），右手轻轻的左右匀速旋转工件（至少要旋转一周），找到一个合适的位置，同时左手慢慢旋紧卡盘。

（2）在手动方式下，使主轴正转，目测工件旋转时是否打晃。如果发现晃动，则应重新进行工件的安装。另外，也可用杠杆表检测工件是否打晃。

二、安装车刀

FANUC 数控车床采用的是四刀位刀架，因此最多可以同时安装四把刀。本项目需要 90°外圆偏刀一把、硬质合金不通孔镗刀一把、硬质合金切刀（刀宽为 4 mm）一把、硬质合金内孔切刀（刀宽为 3 mm）一把、60°内螺纹刀一把。

刀架不能同时容纳这五把刀，先加工外圆后，暂停程序，将偏刀 T01 换为镗刀后，继续执行程序。

三、程序的录入与校验

程序的录入与校验是检验程序是否正确的一个关键步骤，对于粗心大意而导致录入错误的有着直观的体现。

1. 程序的录入

（1）在程序编辑中新建文件夹，并以 O 开头命名。

（2）将在仿真室模拟验证好的程序，在控制面板上进行录入。注意录入时要仔细认真，防止人为输入错误导致程序不能运行，从而影响加工。这个环节可以练习学生对控制面板的熟练程度，可反复练习。

（3）注意随时保存程序。

2. 程序的检验

在主菜单中选择"程序"这一按钮，然后按"程序检验"。注意此时的加工状态是"自动"，为了安全起见，务必引导学生将"机床锁定"按钮打开。通过检验的图形，重新检查程序，发现问题及时解决，直到检验无误为止。

四、对刀

内槽刀的对刀方式如下：

1. X 方向对刀

在手动方式下主轴正转，移动刀架使其靠近零件右端面，内槽刀车一内孔面，车削长度够测量工具测量内孔直径即可，刀具沿 +Z 方向退出，X 方向不要移动刀具，主轴停转，测量已车内孔直径。按［OFFSET/SETTING］键，然后按［形状］软功能键，把光标移动到相应的刀号位置，输入 X 及数值（数值为测量内孔直径值），按［测量］软键，

完成 X 方向对刀。

2. Z 方向对刀

在手动方式下主轴旋转，将内槽刀靠近工件的右端面，当内槽刀左刀尖与已加工好的右端面平齐时，按［OFFSET/SETTING］键，然后按［形状］软功能键，把光标移动到相应的刀号位置，输入 Z0.0，按［测量］软键，沿 $+Z$ 向退刀，完成内孔车刀 Z 方向对刀。

五、加工

这个任务是建立在程序录入和对刀都正确的基础上的，进入实质加工阶段。一般来说，应分为单段和自动两个步骤来进行。

1. 单段加工

这个步骤主要还是用来检验对刀是否正确，在程序的开头有个对刀点必须设置。使用单段加工命令，使刀具移动到对刀点，观察是否与所编程序一致。如果一致则说明对刀正确，可进行自动加工；否则，必须重新对刀。

2. 自动加工

将机床置于"自动"状态，调出所编程序，打开"循环启动"按钮，进行自动加工。

3. 尺寸测量

尺寸是加工中必须要保证的，看一个产品是否合格，关键就是看尺寸精度是否达到图纸要求。如何保证尺寸是这个环节的重点。一般应采取粗—精加工的方式，在精加工中不断测量，并通过刀偏来调整。另外，对千分尺和游标尺的使用应反复练习。

六、项目评分表

班级		姓名		学号		日期	
基本检查	序号	检测项目		配分	学生评分		教师评分
	1	工艺文件		15			
	2	仿真操作		20			
	3	设备正确操作与维护		2			
	4	安全、文明生产		3			
基本检查结果总计				40			

序号	图样尺寸	允差/mm	量具		配分	实际尺寸		分数
			名称	规格/mm		学生测	教师测	
1								
2								
3								
4								
5								
6								
7								
尺寸检测结果总计					60			

基本检查结果	尺寸检测结果	成绩

以下情况为否决项（出现以下情况的，本部分不予评分，按 0 分计）

（1）任一项的尺寸超差>0.2 mm 以上的，不予评分。

（2）对刀误差造成整个加工图素 Z 向的位置偏差>0.3 mm 以上的，不予评分。

（3）零件加工部分形状与图纸不符的（主要图素、倒角等小错误除外），不予评分。

（4）零件加工不完整。（包括螺纹、倒角等小错误除外），不予评分。

（5）零件有严重碰伤、过切的，不予评分。

项目小结 本项目通过内螺纹、内槽的编程与加工，学会了内孔、内槽的加工以及内螺纹刀和内槽刀的对刀，同时对于内螺纹、内槽加工和外螺纹、外槽加工的不同及注意事项也有了深刻的认识。其中，内槽刀的进退刀路线要特别注意，以避免撞刀。

仿真与实训加工中，要注意对刀以及加工安全，要反复练习游标卡尺和内径百分表的使用。

项目练习

实训 1：加工如图所示零件，毛坯尺寸为 $\Phi45$ mm×35 mm，材料为铝。

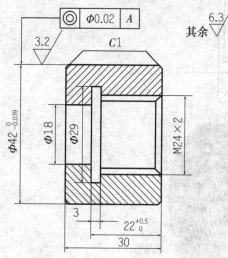
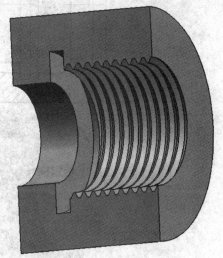

实训 2：加工如图所示零件，毛坯尺寸为 $\Phi50$ mm×55 mm，材料为铝。

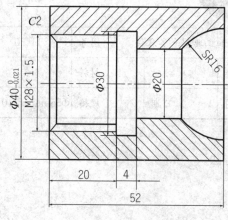
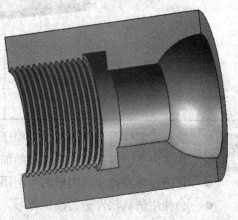

项目十一　　加工典型套类零件

本项目加工如下图所示的典型套类零件，毛坯尺寸为 Φ55 mm×110 mm，材料为铝。要求学生能够熟练地确定该零件的加工工艺，正确地编制零件的加工程序，较好地进行仿真模拟，并完成零件的加工。

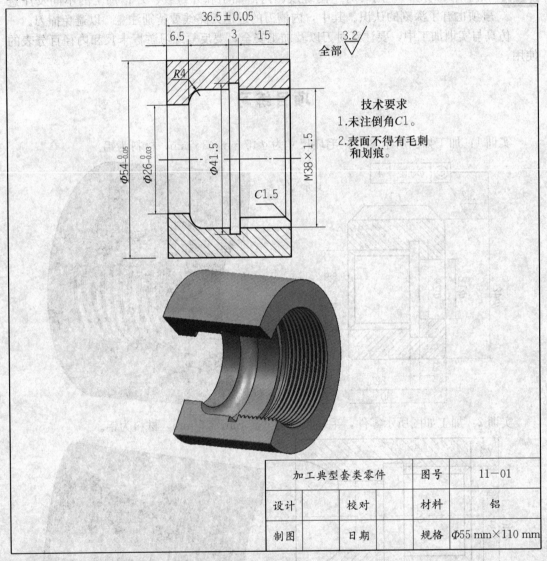

技术要求

1. 未注倒角$C1$。
2. 表面不得有毛刺和划痕。

加工典型套类零件		图号	11—01
设计	校对	材料	铝
制图	日期	规格	Φ55 mm×110 mm

学习目标

- 能根据零件图正确编制加工程序。
- 掌握内孔、内沟槽和内螺纹的加工方法。
- 正确选择镗孔和内沟槽的车削用量。
- 会使用仿真软件进行模拟练习。
- 能熟练操作FANUC系统的数控车床进行实训加工。

任务一　理论编程

【步骤解析】

一、制定加工工艺

该零件主要加工内轮廓表面，零件内轮廓包括内圆、内倒圆、内沟槽和内螺纹等表面。其中多个直径尺寸与轴向尺寸有较高的尺寸精度，各主要外圆表面的表面粗糙度值均为 $Ra1.6\,\mu m$，其余表面的表面粗糙度值均为 $Ra3.2\,\mu m$，说明该零件对尺寸精度和表面粗糙度有比较高的要求。因此，加工工艺应安排粗车和精车。其加工步骤如下：

（1）夹零件毛胚，伸出卡盘的长度为 45 mm。

（2）车端面，打中心孔。

（3）用 Φ28 mm 钻头打孔至 40 mm 深。

（4）粗、精加工零件内孔至要求尺寸。

（5）切内沟槽。

（6）车 M38×1.5 螺纹。

（7）切断。

（8）回换刀点，程序结束。

二、尺寸计算

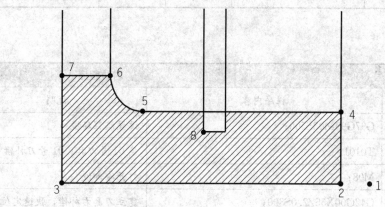

（1）在图中，以右端面与主轴回转中心线的交点 O 为原点建立工件坐标系。

（2）标注各节点并计算（见下表）。

节点	对刀点	0	1	2	3	4	5	6	7	8
X	57.0	0	53.9755	53.9755	53.9755	36.5	36.5	57.984	25.985	41.5
Z	2.0	0	2.0	0.0	−36.5	0.0	−26.0	−30.0	−36.5	−18.0

【注意】

（1）确认车刀安装的刀位和程序中的刀号是否一致（切记）。

（2）注意内孔刀具的退刀位置，以免撞刀。

（3）为了保证对刀精度，自动加工前，应试切一刀，以检验对刀精度。

三、刀具选择

刀具卡										
课程名称			项目名称				图号			
序号	刀具号	刀偏号	刀具名称	数量	刀尖半径	刀尖方位	主轴转速（n）	进给量（f）	背吃刀量（a_p）	
1	T01	01	90°外圆偏刀	1	0.4	3	500 r/min	0.2 mm/r	0.5 mm	
2	T01	01	硬质合金通孔镗刀	1	0.4	2	500 r/min	0.2 mm/r	0.5 mm	
3	T03	03	硬质合金切刀（刀宽为 3 mm）	1			350 r/min			
4	T04	04	硬质合金内孔切刀（刀宽为 3 mm）	1			350 r/min			
5	T02	02	60°内螺纹刀	1	0.2		400 r/min			
编制			审核		批准			共1页		第1页

四、编程

编号 O0023		右边程序
程序段号	程序内容	说明
N10	G97G99M03S500；	设置编程环境
N20	T0101；	换01号刀具、01号刀补偿
N30	M08；	打开冷却液
N40	G42G00X55Z2.0S800；	建立刀具右补偿，快速定位
N50	G01X53.9755Z2.0F0.08；	进刀，准备精切外圆
N60	G01Z−40.0；	精车外圆
N70	G40G01X55.0；	取消刀补
N80	G00X200.0Z100.0；	回换刀点
N90	T0202；	换内孔刀 T0202
N100	G00X27.0Z2.0S500；	快速定位

N110	G71U2.0R1.0;	
N120	G71P130Q190U−0.25W0.05F0.25;	设定 G71 参数
N130	G41G00X39.5.0Z2.0S800;	定义精加工轮廓
N140	G01Z0.0F0.08;	
N150	Z−26.0;	
N160	G03X29.985Z−30.0R4.0;	
N170	G01Z−40.0;	
N180	G01X28.0;	
N190	G40G00Z2.0;	
N200	G70P130Q190;	精加工
N210	G00X200.0Z100.0;	回换刀点
N200	T0303;	换内沟槽刀具
N230	M03S400;	设置切内沟槽参数
N240	G00X35.0;	快速定位
N250	Z−18.0;	准备切槽
N260	G01X41.5F0.05;	切槽
N270	G04U3.0;	光整槽底
N280	G01X35.0;	退出
N290	G00Z2.0;	快速退出内孔
N300	G00X200Z100;	回换刀点
N310	T0404;	换 4 号切断刀，调用 4 号刀补
N320	G00X55Z−39.5;	快速定位
N330	G01X28.0F0.05;	切断
N340	G00X200.0Z100.0;	回换刀点
N350	M09;	关闭冷却液
N360	M30;	程序结束

任务二　仿真操作

　　运用仿真软件进行模拟练习，同时也可以验证所编写程序的对错（参照项目二"加工阶梯轴"的仿真操作）。

　　【注意】

　　（1）仿真操作时，应严格按照实训步骤进行，特别是对刀。

　　（2）根据在普通机床上加工的各种方法及切削用量的选择技巧来进行仿真。

任务三 实训加工

【步骤解析】

一、安装工件

（1）旋开卡爪，将工件放入卡盘，同时伸出卡盘的长度要符合零件尺寸要求 30 mm。慢慢旋紧卡盘，在一个临界状态时（夹紧与未夹紧之间的状态），右手轻轻的左右匀速旋转工件（至少要旋转一周），找到一个合适的位置，同时左手慢慢旋紧卡盘。

（2）在手动方式下，使主轴正转，目测工件旋转时是否打晃。如果发现晃动，则应重新进行工件的安装。另外，也可用杠杆表检测工件是否打晃。

二、安装车刀

FANUC 数控车床采用的是四刀位刀架，因此最多可以同时安装四把刀。本项目需要90°外圆偏刀一把、硬质合金通孔镗刀一把、硬质合金切刀（刀宽为 4 mm）一把、硬质合金内孔切刀（刀宽为 3 mm）一把、60°内螺纹刀一把。

刀架不能同时容纳这五把刀，先加工外圆后，暂停程序，将偏刀 T01 换为镗刀后，继续执行程序。

三、程序的录入与校验

程序的录入与校验是检验程序是否正确的一个关键步骤，对于粗心大意而导致录入错误的有着直观的体现。

1．程序的录入

（1）在程序编辑中新建文件夹，并以 O 开头命名。

（2）将在仿真室模拟验证好的程序，在控制面板上进行录入。注意录入时要仔细认真，防止人为输入错误导致程序不能运行，从而影响加工。这个环节可以练习学生对控制面板的熟练程度，可反复练习。

（3）注意随时保存程序。

2．程序的检验

在主菜单中选择"程序"这一按钮，然后按"程序检验"。注意此时的加工状态是"自动"，为了安全起见，务必引导学生将"机床锁定"按钮打开。通过检验的图形，重新检查程序，发现问题及时解决，直到检验无误为止。

四、对刀

对刀参照项目十加工内螺纹中的项目拓展仿真操作。

五、加工

这个任务是建立在程序录入和对刀都正确的基础上的，进入实质加工阶段。一般来说，应分为单段和自动两个步骤来进行。

1. 单段加工

这个步骤主要还是用来检验对刀是否正确，在程序的开头有个对刀点必须设置。使用单段加工命令，使刀具移动到对刀点，观察是否与所编程序一致。如果一致则说明对刀正确，可进行自动加工；否则，必须重新对刀。

2. 自动加工

将机床置于"自动"状态，调出所编程序，打开"循环启动"按钮，进行自动加工。

3. 尺寸测量

尺寸是加工中必须要保证的，看一个产品是否合格，关键就是看尺寸精度是否达到图纸要求。如何保证尺寸是这个环节的重点。一般应采取粗—精加工的方式，在精加工中不断测量，并通过刀偏来调整。另外，对千分尺和游标尺的使用应反复练习。

六、项目评分表

班级		姓名		学号		日期	
基本检查	序号	检测项目		配分	学生评分		教师评分
	1	工艺文件		15			
	2	仿真操作		20			
	3	设备正确操作与维护		2			
	4	安全、文明生产		3			
基本检查结果总计				40			

序号	图样尺寸	允差/mm	量具		配分	实际尺寸		分数
			名称	规格/mm		学生测	教师测	
1								
2								
3								
4								
5								
6								
7								
尺寸检测结果总计					60			

基本检查结果	尺寸检测结果	成绩

以下情况为否决项（出现以下情况的，本部分不予评分，按 0 分计）：

（1）任一项的尺寸超差>0.2 mm以上的，不予评分。

（2）对刀误差造成整个加工图素 Z 向的位置偏差>0.3 mm以上的，不予评分。

（3）零件加工部分形状与图纸不符的（主要图素、倒角等小错误除外），不予评分。

（4）零件加工不完整的（包括螺纹、倒角等小错误除外），不予评分。

（5）零件有严重碰伤、过切的，不予评分。

项目 小结 本项目通过一个典型套类零件的编程与加工，将所学的内圆柱面、内倒圆、内沟槽以及内螺纹等知识串联起来进行系统的综合。学会了如何对一个零件图进行分析，如何对内孔、内沟槽和内螺纹进行加工，如何保精度尺寸等。重点强化训练车间实训加工以及加工时间的把握。

仿真与实训加工中，要注意对刀以及加工安全，要反复练习游标卡尺、百分表的使用。

项目练习

实训 1：加工如图所示套类零件，毛坯尺寸为 $\Phi80$ mm×50 mm，材料为铝。

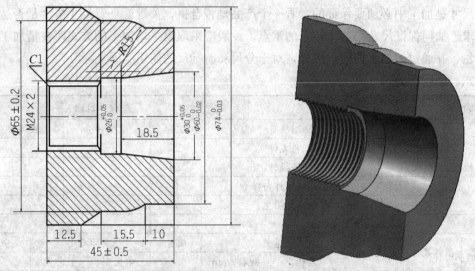

实训 2：加工如图所示套类零件，毛坯尺寸为 $\Phi55$ mm×80 mm，材料为铝。

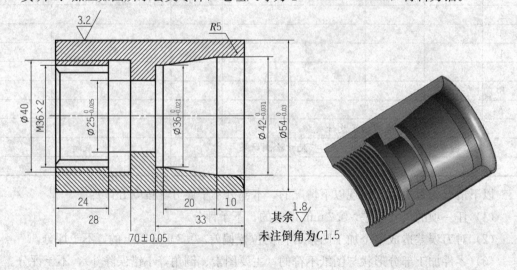

项目十二　使用仿真软件

随着数控加工在机械制造业中的广泛应用，数控操作者的大量培训便成为迫切需要解决的问题。在传统的操作培训中，数控编程和操作的有效培训必须在实际机床上进行，这既占用了设备加工时间，又具有风险，培训中的错误操作又经常会导致昂贵设备的损坏。而计算机的发展，尤其是虚拟技术和理念的发展，产生了可以模拟实际设备加工环境及其工作状态的计算机仿真加工系统。

用计算机仿真加工系统进行培训，不仅可迅速提高操作者的素质，而且安全可靠费用低。同时，也比较适合工厂企业新产品的试制，减少了大量前期准备工作，提高数控机床的利用率，缩短了零件生产周期。

数控仿真软件含有多种数控系统的数控车、数控铣和加工中心等，可以实现对零件铣削加工和车削加工全过程仿真，其中包括毛坯定义与夹具，刀具定义与选用，工件坐标系的设置，数控程序输入、编辑和调试，加工仿真以及各种错误检测功能等。

任务一　认识软件用户界面

用户界面（简称界面）是仿真式用户操作平台，用户按照与实际加工操作一样的步骤，进行模拟加工。整个界面由主菜单、显示工具条、机床显示区、操作面板四大部分组成，如图 12-1 所示。

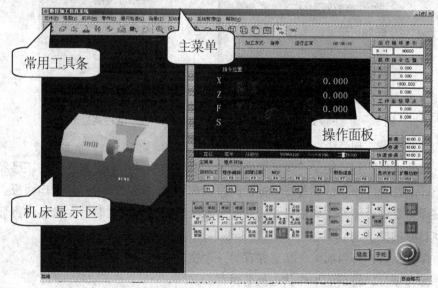

图 12-1　数控加工仿真系统机床操作界面

一、主菜单

这是一个下拉式菜单,如图 12-2 所示,可以根据需要选择其中的某一个菜单条进行设置。

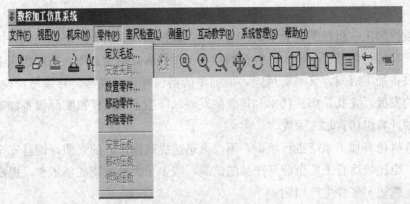

图 12-2　下拉式主菜单

1. 文件菜单

文件菜单如图 12-3 所示。

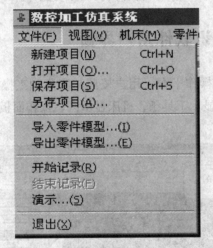 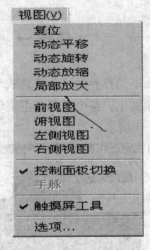

图 12-3　下拉式"文件"菜单　　　12-4　下拉式显示菜单

(1) 新建项目:相当于回到重新选择后的机床状态。

(2) 打开项目:打开的是一个已经完成加工工序的项目,则主窗口中毛坯已经安装并装夹完毕,工件坐标原点已设置好,数控程序已被导入。这时只需打开操作面板,按下循环启动键即可以进行加工。如果打开的是一个未完的项目,则这时的主窗口内将显示上一次保存项目时的样子。

(3) 保存项目:将当前工作状态保存为一个文件,供以后继续使用。

(4) 另存项目:将当前工作状态换名保存。

(5) 导入/导出零件模型:用于保存和使用加工后的零件。

(6) 开始/结束记录:用于拍摄记录整个模拟仿真操作过程和结束。

（7）退出：结束数控加工仿真系统程序。

2．视图菜单

视图菜单如图 12－4 所示。

（1）复位：复位是将机床图像设置成初始大小和位置。无论当前机床图像放大或缩小了多少，方向位置如何调整，只要使用"显示复位"选项，都可使机床的大小、方向恢复到初始大小，也就是刚进入系统时的样子。

（2）动态平移和动态旋转：实现动态平移和动态旋转功能。

（3）动态放缩：实现动态放缩功能。

（4）局部放大：实现局部放大功能。

（5）前视图：使用"前视图"选项，可快速地使机床的正面正对主窗口。

（6）俯视图：实现从正上方观察机床和零件。

（7）左侧视图：实现从左向右观察机床和零件。

（8）右侧视图：实现从右向左观察机床和零件。

（9）控制面板切换：作用是显示或者不显示主界面右侧的数控系统面板。系统主界面的默认设置是左侧为机床加工显示区，右侧为数控系统面板，使"控制面板切换"后，系统显示界面可以更清楚地观看加工过程。

（10）手脉：打开或关闭手轮，在默认状态下，手轮是不显示的，需要使用手轮时，可使用该命令使手轮出现在机床显示区右下方。不用时，按一下该命令项即可关闭手轮。

（11）触摸屏工具：点击"触摸屏工具"，在工具条中出现对话框，点击"打开工具箱"，出现如图 12－5 所示的选项框，可以完成机床显示实时缩放、绕轴旋转和平移。"点击相当于鼠标右键"改变鼠标点击数控操作面板旋钮的旋向。

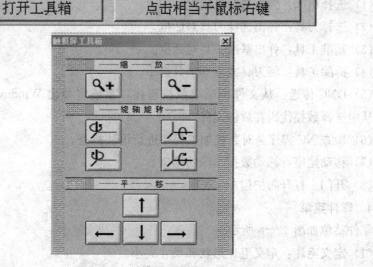

图 12－5　触摸屏工具箱

（12）选项：设置程序运行倍率、打开或关闭加工声音、机床和零件的显示方式等，如图 12－6 所示。

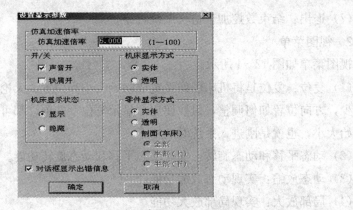

图 12-6　试图选项

3．机床菜单

机床菜单如图 12-7 所示。

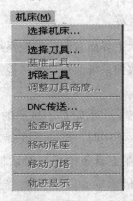

图 12-7 机床菜单　　　　　　图 12-8 零件菜单

（1）选择机床：弹出选择机床对话框。

（2）选择刀具：弹出选择刀具对话框。

（3）基准工具：弹出基准工具对话框。

（4）拆除工具：将刀具或基准工具拆下。

（5）DNC 传送：从文件中读取数控程序，系统将弹出 Windows 打开文件标准对话框，从中选择数控代码存放的文件。

（6）检查 NC 程序：对数控加工程序进行语法检查。

（7）移动尾座：移动数控车床的尾座。

（8）开门：打开防护门。

4．零件菜单

零件菜单如图 12-8 所示。

（1）定义毛坯：定义毛坯形状和尺寸大小。

（2）安装夹具：选择安装机床夹具。

（3）放置零件：放置零件（包括夹具）到机床上并调整位置。

（4）移动零件：调整零件位置方向。

（5）拆除零件：从机床上拆除零件。

（6）安装、移动、拆除压板：可以实现安装、移动、拆除压板的操作。

5. 塞尺检查菜单

塞尺检查菜单如图 12-9 所示。

图 12-9 塞尺检查菜单　　**图 12-10 测量菜单**

选择"塞尺检查"后，出现二级子菜单，可以选择和收回塞尺。

6. 测量菜单

测量菜单如图 12-1-10 所示，可以对零件进行测量。

7. 其余菜单

除上述菜单外，还有远程控制、互动教学、系统管理和帮助菜单。其中，远程控制菜单主要用于远程教育的控制，系统管理菜单主要是该软件对用户的管理、系统的设置和刀具的管理等，帮助菜单主要是该软件的安装和操作说明。

二、工具条

工具条菜单如图 12-11 所示。

图 12-11 工具条

按顺序用于菜单条的下方，分别对应不同的菜单栏选项。

1. 机床选择	对应菜单条"机床"→"选择机床"
2. 毛坯定义	对应菜单条"零件"→"定义毛坯"
3. 夹具选择	对应菜单条"零件"→"安装夹具"
4. 安装零件	对应菜单条"机床"→"放置零件"
5. 选用刀具	对应菜单条"机床"→"选择刀具"
6. 取基准工具	对应菜单条"机床"→"基准刀具"
7. 移动尾座	对应菜单条"机床"→"移动尾座"
8. DNC 传送	对应菜单条"机床"→"DNC 传送"
9. 取出手脉	对应菜单条"视图"→"手脉"
10. 视图复位	对应菜单条"视图"→"复位"
11. 局部放大	对应菜单条"视图"→"局部放大"
12. 动态缩放	对应菜单条"视图"→"动态缩放"

13. 动态平移	对应菜单条"视图"→"动态平移"
14. 动态旋转	对应菜单条"视图"→"动态旋转"
15. 动态旋转	对应菜单条"视图"→"动态旋转"
16. 右侧视图	对应菜单条"视图"→"右侧视图"
17. 俯视图	对应菜单条"视图"→"侧视图"
18. 前视图	对应菜单条"视图"→"前视图"
19. 选项	对应菜单条"视图"→"选项"
20. 控制系统面板切换	对应菜单条"视图"→"控制面板切换"
21. 切换轨迹显示	对应菜单条"机床"→"轨迹显示"

三、机床显示区

数控机床显示区是一台模拟的机床，它可以显示操作者在装夹工件、刀具选择、对刀过程、零件加工等方面的操作，如图 12-12 所示。

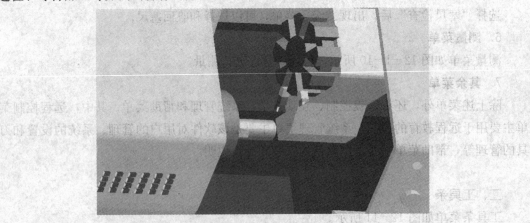

图 12-12　机床显示区

任务二　HNC-21T 数控车操作面板

HNC-21T 数控车操作面板主要由数控装置操作面板和机床操作面板两部分组成。

一、系统操作界面

华中数控车 HNC-21T 系统操作界面如图 12-13 所示。

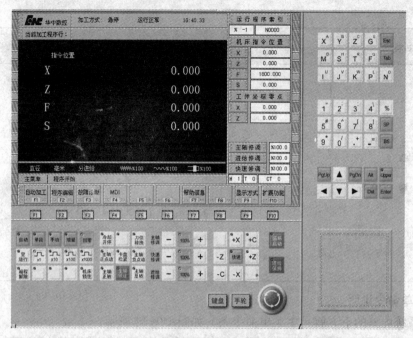

图 12-13 华中数控车 HCN-21T 系统操作界面

二、面板各键说明

1. MDI 键盘说明

MDI 键盘的功能见表 12-1。

表 12-1 MDI 键盘功能

名称	功能
	地址和数字键 按下这些键可以输入字母，数字或其他字符
Upper	切换键
Enter	输入，确认键
Alt	替换键
Del	删除键
PgUp PgDn	上、下翻页键

续表 12—1

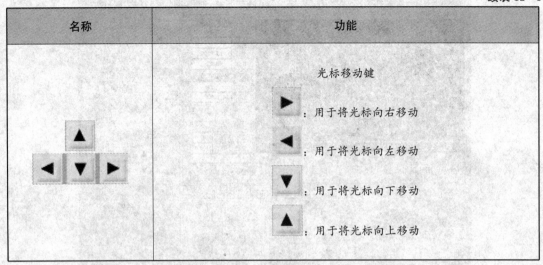

名称	功能
	光标移动键 ▶：用于将光标向右移动 ◀：用于将光标向左移动 ▼：用于将光标向下移动 ▲：用于将光标向上移动

2．菜单命令说明

数控系统屏幕的下方就是主菜单命令条，如图 12—14 所示。

图 12—14　主菜单命令条

由于每个功能包括不同的操作，在主菜单条上选择一个功能项后，菜单条会显示该功能下的子菜单。

例如：选择主菜单条中的"自动加工"命令后，就进入自动加工下面的子菜单条，如图 12—15 所示。

图 12—15　"自动加工"子菜单命令条

每个子菜单命令条的最后一项都是"返回"命令，单击该命令即返回上一级菜单。

3．快捷键说明

快捷键如图 12—16 所示。

图 12—16 快捷键

这些快捷键的作用和菜单条是一样的。在菜单命令条的弹出菜单中，每一个功能项的按键上都标注了 F1、F2 等字样，表明要执行该项操作也可以通过按下相应的快捷键来执行。

4．机床操作键说明

机床操作键的功能见表 12—2。

表 12—2　机床操作键的功能

名称	功能
急停键 	用于锁住机床。按下急停键时，机床立即停止运动。急停键抬起后，该键下方有阴影，见图（a）；急停键按下时，该键下方没有阴影，见图（b） （a）　　　　（b）
循环启动/保持	在自动和 MDI 运行方式下，用来启动和暂停程序
方式选择键	自动：按下该键，进入自动运行方式 单段：按下该键，进入单段运行方式 手动：按下该键，进入手动连续进给运行方式 增量：按下该键，进入增量运行方式 回零：按下该键，进入返回机床参考点运行方式。方式选择键互锁，当按下其中一个键时（该键左上方的指示灯亮），其余各键失效（指示灯灭）
进给轴和方向选择开关	在手动连续进给、增量进给和返回机床参考点运行方式下，用来选择机床欲移动的轴和方向。其中 快进 为快进开关。当按下该键后，该键左上方的指示灯亮，表明快进功能开启；再按一下该键，指示灯灭，表明快进功能关闭
主轴修调	在自动或 MDI 方式下，当 S 代码指定的主轴速度偏高或偏低时，可用"主轴修调"右侧的 100% 和 ＋ 、 － 键，修调程序中编制的主轴速度 例如：按 100%（指示灯亮），主轴修调倍率被置为 100%；按一下 ＋ ，主轴修调倍率递增 2%；按一下 － ，主轴修调倍率递减 2%

名称	功能
快速修调 **快速** **修调** — 100% +	在自动或 MDI 方式下，可用"快速修调"右侧的 100% 和 + 、 — 键，修调 G00 快速移动时系统参数"最高快速度"设置的 速度 例如：按 100% （指示灯亮），快速修调倍率被置为 100%； 按一下 — ，快速修调倍率递减 2%
进给修调 **进给** **修调** — 100% +	在自动或 MDI 方式下，当 F 代码指定的进给速度偏高或偏低时， 可用"进给修调"右侧的 100% 和 + 、 — 键，修调程序中 编制的进给速度 例如：按 100% （指示灯亮），进给修调倍率被为 100%； 按一下 + ，进给修调倍率递增 2%；按一下 — ，进给修 调倍率递减 2%
增量值选择键 ×1 ×10 ×100 ×1000	在增量运行方式下，用来选择增量进给的增量值， ×1 为 0.001 mm、 ×10 为 0.01 mm、 ×100 为 0.1 mm、 ×1000 为 1 mm，各键互锁。当按下其中一个键时（该键左上方的指示灯 亮），其余各键失效（指示灯灭）
主轴旋转键 **主轴** **正转** **主轴** **停止** **主轴** **反转**	用来开启和关闭主轴。 **主轴** **正转** ：按下该键，主轴正转 **主轴** **停止** ：按下该键，主轴停止 **主轴** **反转** ：按下该键，主轴反转
刀位转换键 **刀位** **转换**	在手动方式下，按一下该键，刀架转动一个刀位

续表 12—2

名称	功能
超程解除	当机床运行到达行程极限时，会出现超程，系统将发出警告音，同时机床紧急停止。要退出超程状态，可按下 超程解除 键（指示灯亮），再按与超程相反的坐标轴键退至安全区域
空运行	在自动方式下，按下该键（指示灯亮），程序中编制的进给速率被忽略，车床坐标以最大快移速度移动运行
机床锁住	用来禁止机床坐标轴移动。显示屏上的坐标数值仍会发生变化，但机床停止不动

任务三 FUNAC 0I 车床标准面板操作

FANUC 0I 车床标准面板

一、面板按钮说明

按钮	名称	功能说明
	自动运行	此按钮被按下后，系统进入自动加工模式
	编辑	此按钮被按下后，系统进入程序编辑状态，用于直接通过操作面板输入数控程序和编辑程序

	MDI	此按钮被按下后，系统进入 MDI 模式，手动输入并执行指令
	远程执行	此按钮被按下后，系统进入远程执行模式即 DNC 模式，输入输出资料
	单节	此按钮被按下后，运行程序时每次执行一条数控指令
	单节忽略	此按钮被按下后，数控程序中的注释符号"/"有效
	选择性停止	当此按钮按下后，"M01"代码有效
	机械锁定	锁定机床
	试运行	机床进入空运行状态
	进给保持	程序运行暂停，在程序运行过程中，按下此按钮运行暂停。按"循环启动"、恢复运行
	循环启动	程序运行开始；系统处于"自动运行"或"MDI"位置时按下有效，其余模式下使用无效
	循环停止	程序运行停止，在数控程序运行中，按下此按钮停止程序运行
	回原点	机床处于回零模式，机床必须首先执行回零操作，然后才可以运行
	手动	机床处于手动模式，可以手动连续移动
	手动脉冲	机床处于手轮控制模式
	手动脉冲	机床处于手轮控制模式
X	X 轴选择按钮	在手动状态下，按下该按钮则机床移动 X 轴
Z	Z 轴选择按钮	在手动状态下，按下该按钮则机床移动 Z 轴
+	正方向移动按钮	手动状态下，点击该按钮系统将向所选轴正向移动。在回零状态时，点击该按钮将所选轴回零
—	负方向移动按钮	手动状态下，点击该按钮系统将向所选轴负向移动
快速	快速按钮	按下该按钮，机床处于手动快速状态
	主轴倍率选择旋钮	将光标移至此旋钮上后，通过点击鼠标的左键或右键来调节主轴旋转倍率

	进给倍率	调节主轴运行时的进给速度倍率
	急停按钮	按下急停按钮，使机床移动立即停止，并且所有的输出如主轴的转动等都会关闭
	超程释放	系统超程释放
	主轴控制按钮	从左至右分别为：正转、停止、反转
	手轮显示按钮	按下此按钮，则可以显示出手轮面板
	手轮面板	点击按钮将显示手轮面板
	手轮轴选择旋钮	手轮模式下，将光标移至此旋钮上后，通过点击鼠标的左键或右键来选择进给轴
	手轮进给倍率旋钮	手轮模式下将光标移至此旋钮上后，通过点击鼠标的左键或右键来调节手轮步长。×1、×10、×100 分别代表移动量为 0.001 mm、0.01 mm、0.1 mm
	手轮	将光标移至此旋钮上后，通过点击鼠标的左键或右键来转动手轮
	启动	启动控制系统
	关闭	关闭控制系统

二、车床准备

1. 激活车床

点击"启动"按钮，此时车床电机和伺服控制的指示灯变亮。

检查"急停"按钮是否松开至　　　状态，若未松开，点击"急停"按钮，将其松开。

2. 车床回参考点

检查操作面板上回原点指示灯是否亮 ⊙ ，若指示灯亮，则已进入回原点模式；若指示灯不亮，则点击"回原点"按钮 ⊙ ，转入回原点模式。

在回原点模式下，先将 X 轴回原点，点击操作面板上的"X 轴选择"按钮 X ，使 X 轴方向移动指示灯变亮 X ，点击"正方向移动"按钮 + ，此时 X 轴将回原点，X 轴回原点灯变亮 X原点灯 ，CRT 上的 X 坐标变为"390.00"。同样，再点击"Z 轴选择"按钮 Z ，使指示灯变亮，点击 + ，Z 轴将回原点，Z 轴回原点灯变亮，X原点灯 Z原点灯 ，此时 CRT 界面如图 12-17 所示。

图 12-17

三、对刀

数控程序一般按工件坐标系编程，对刀的过程就是建立工件坐标系与机床坐标系之间关系的过程。下面具体说明车床对刀的方法，其中将工件右端面中心点设为工件坐标系原点。而将工件上其他点设为工件坐标系原点的方法与对刀方法类似。

1. 试切法设置 G54~G59

测量工件原点，直接输入工件坐标系 G54~G59。

（1）切削外径：点击操作面板上的"手动"按钮 ⚟ ，手动状态指示灯变亮 ⚟ ，机床进入手动操作模式，点击控制面板上的 X 按钮，使 X 轴方向移动指示灯变亮 X ，点击 + 或 − ，使机床在 X 轴方向移动；同样，也可使机床在 Z 轴方向移动。通过手动方式将机床移到如图 12-18 所示的大致位置。

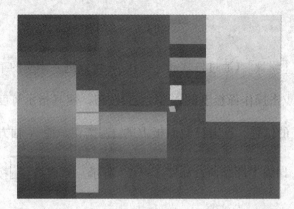

图 12—18

点击操作面板上的 按钮或 按钮，使其指示灯变亮，主轴转动。再点击"Z 轴方向选择"按钮 Z ，使 Z 轴方向指示灯变亮 Z ，点击 — ，用所选刀具来试切工件外圆，如图 12—19 所示。然后，按 + 按钮，X 方向保持不动，刀具退出。

（2）测量切削位置的直径：点击操作面板上的 按钮，使主轴停止转动，点击菜单"测量/坐标测量"如图 12—20 所示，点击试切外圆时所切线段，选中的线段由红色变为黄色。记下下半部对话框中对应的 X 的值（即直径）。

图 12—19

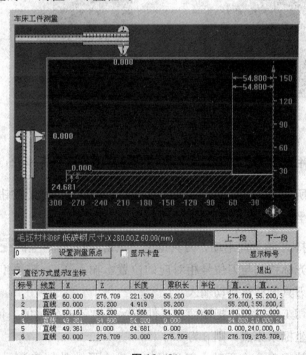

图 12—20

（3）按下控制箱键盘上的 键。

（4）把光标定位在需要设定的坐标系上。

(5) 光标移到 X。

(6) 输入直径值。

(7) 按菜单软键［测量］（通过按软键［操作］，可以进入相应的菜单）。

(8) 切削端面：点击操作面板上的 ⊡ 或 ⊡ 按钮，使其指示灯变亮，主轴转动。将刀具移至如图 12-21 的位置，点击控制面板上的 X 按钮，使 X 轴方向移动指示灯变亮 X ，点击 — 按钮，切削工件端面，如图 12-22 所示。然后按 + 按钮，Z 方向保持不动，刀具退出。

(9) 点击操作面板上的"主轴停止"按钮 ⊡ ，使主轴停止转动。

(10) 把光标定位在需要设定的坐标系上。

(11) 在 MDI 键盘面板上按下需要设定的轴"Z"键。

(12) 输入工件坐标系原点的距离（注意距离有正负号）。

(13) 按菜单软键［测量］，自动计算出坐标值填入。

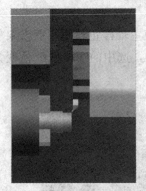

图 12-21

图 12-22

图 12-23

2. 测量、输入刀具偏移量

使用这个方法对刀，在程序中直接使用机床坐标系原点作为工件坐标系原点。

用所选刀具试切工件外圆，点击"主轴停止" ⊡ 按钮，使主轴停止转动，点击菜单"测量/坐标测量"，得到试切后的工件直径，记为 α。

保持 X 轴方向不动，刀具退出。点击 MDI 键盘上的 ⊡ 键，进入形状补偿参数设定界面，将光标移到与刀位号相对应的位置，输入 Xα，按菜单软键［测量］（如图 12-23），对应的刀具偏移量自动输入。

试切工件端面，把端面在工件坐标系中 Z 的坐标值，记为 β（此处以工件端面中心点为工件坐标系原点，则 β 为 0）。

保持 Z 轴方向不动，刀具退出。进入形状补偿参数设定界面，将光标移到相应的位置，输入 Zβ，按［测量］软键（如图 12-24），对应的刀具偏移量自动输入。

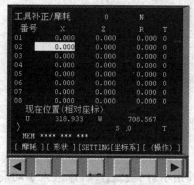

图 12—24　　　　　　　　　图 12—25

3. 设置偏置值完成多把刀具对刀

方法一：

选择一把刀为标准刀具，采用试切法或自动设置坐标系法完成对刀，把工件坐标系原点放入 G54～G59，然后通过设置偏置值完成其他刀具的对刀，下面介绍刀具偏置值的获取办法。

点击 MDI 键盘上![POS]键和 [相对] 软键，进入相对坐标显示界面，如图 12—25 所示。

选定的标刀试切工件端面，将刀具当前的 Z 轴位置设为相对零点（设零前不得有 Z 轴位移）。

依次点击 MDI 键盘上的![SHIFT]，![Zw]，![0]输入 "W0"，按软键 [预定]，则将 Z 轴当前坐标值设为相对坐标原点。

标刀试切零件外圆，将刀具当前 X 轴的位置设为相对零点（设零前不得有 X 轴的位移）：依次点击 MDI 键盘上的![SHIFT]，![Xu]，![0]输入 "U0"，按软键 [预定]，则将 X 轴当前坐标值设为相对坐标原点。此时 CRT 界面如图 12—26 所示。

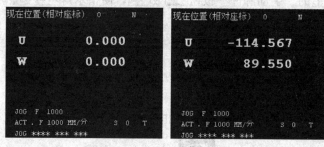

图 12—26　　　　　　　　　图 12—27

换刀后，移动刀具使刀尖分别与标准刀切削过的表面接触。接触时显示的相对值，即为该刀相对于标刀的偏置值△X，△Z（为保证刀准确移到工件的基准点上，可采用手动脉冲进给方式）。此时，CRT 界面如图 12—27 所示，所显示的值即为偏置值。

将偏置值输入到磨耗参数补偿表或形状参数补偿表内。

【注意】

MDI 键盘上的![SHIFT]键用来切换字母键，如![Xu]键，直接按下输入的为 "X"，按![SHIFT]键，

再按 $\boxed{X_u}$，输入的为"U"。

方法二：

分别对每一把刀测量、输入刀具偏移量。

四、手动操作

1. 手动/连续方式

点击操作面板上的"手动"按钮 $\boxed{\sim}$，使其指示灯亮 $\boxed{\sim}$，机床进入手动模式。

分别点击 $\boxed{X}$、$\boxed{Z}$ 键，选择移动的坐标轴。

分别点击 $\boxed{+}$、$\boxed{-}$ 键，控制机床的移动方向。

点击 $\boxed{\quad}\boxed{\quad}\boxed{\quad}$ 控制主轴的转动和停止。

【注意】

刀具切削零件时，主轴需转动。加工过程中刀具与零件发生非正常碰撞后（非正常碰撞包括车刀的刀柄与零件发生碰撞、铣刀与夹具发生碰撞等），系统弹出警告对话框，同时主轴自动停止转动，调整到适当位置，继续加工时需再次点击 $\boxed{\quad}\boxed{\quad}\boxed{\quad}$ 按钮，使主轴重新转动。

2. 手动脉冲方式

在手动/连续方式（参见"手动/连续方式"）或在对刀（参见"对刀"），需精确调节机床时，可用手动脉冲方式调节机床。

点击操作面板上的"手动脉冲"按钮 $\boxed{\sim}$ 或 $\boxed{\circledcirc}$，使指示灯 $\boxed{\circledcirc}$ 变亮。

点击按钮 $\boxed{H}$，显示手轮 。

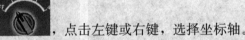

鼠标对准"轴选择"旋钮 ，点击左键或右键，选择坐标轴。

鼠标对准"手轮进给速度"旋钮 ，点击左键或右键，选择合适的脉冲当量。

鼠标对准手轮 ，点击左键或右键，精确控制机床的移动。

点击 $\boxed{\quad}\boxed{\quad}\boxed{\quad}$ 控制主轴的转动和停止。

点击🔲，可隐藏手轮。

五、自动加工方式

1. 自动/连续方式

（1）自动加工流程：

检查机床是否回零，若未回零，先将机床回零。

导入数控程序或自行编写一段程序。

点击操作面板上的"自动运行"按钮🔲，使其指示灯变亮🔲。

点击操作面板上的"循环启动"按钮🔲，程序开始执行。

（2）中断运行：

数控程序在运行过程中可根据需要暂停、急停和重新运行。

数控程序在运行时，按"进给保持"按钮🔲，程序停止执行；再点击"循环启动"按钮🔲，程序从暂停位置开始执行。

数控程序在运行时，按下"急停"按钮🔲，数控程序中断运行。继续运行时，先将急停按钮松开，再按"循环启动"按钮🔲，余下的数控程序从中断行开始作为一个独立的程序执行。

2. 自动/单段方式

检查机床是否回零。若未回零，先将机床回零。

再导入数控程序或自行编写一段程序。

点击操作面板上的"自动运行"按钮🔲，使其指示灯变亮🔲。

点击操作面板上的"单节"按钮🔲。

点击操作面板上的"循环启动"按钮🔲，程序开始执行。

【注意】

（1）自动/单段方式执行每一行程序均需点击一次"循环启动"🔲按钮。

（2）点击"单节跳过"按钮🔲，则程序运行时跳过符号"/"有效，该行成为注释行，不执行。

（3）点击"选择性停止"按钮🔲，则程序中 M01 有效。

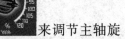

可以通过"主轴倍率"旋钮　　　　　和"进给倍率"旋钮　　　　来调节主轴旋

转的速度和移动的速度。

按 <kbd>RESET</kbd> 键可将程序重置。

3. 检查运行轨迹

NC 程序导入后，可检查运行轨迹。

点击操作面板上的"自动运行"按钮 <kbd>⊡</kbd>，使其指示灯变亮 <kbd>⊡</kbd>，转入自动加工模式。点击 MDI 键盘上的 <kbd>PROG</kbd> 按钮，点击数字/字母键，输入"Ox"（x 为所需要检查运行轨迹的数控程序号），按下 <kbd>↓</kbd> 按钮则开始搜索。找到后，程序显示在 CRT 界面上。点击 <kbd>CUSTOM GRAPH</kbd> 按钮，进入检查运行轨迹模式，点击操作面板上的"循环启动"按钮 <kbd>⊡</kbd>，即可观察数控程序的运行轨迹，此时也可通过"视图"菜单中的动态旋转、动态放缩、动态平移等方式对三维运行轨迹进行全方位的动态观察。

练一练 请根据以上所讲内容，尽快熟悉各个按钮及各功能的应用。

项目十三　课程设计

　　课程设计是在完成规定的学时后，根据所学的知识，结合现实生活中的物品，通过测量尺寸、绘制图纸、工艺分析、刀具选择、编程、仿真、实训操作等，自己设计或者模仿生活用品。在学生离开学校前，即将走上社会实践岗位之前进行的项目，能够培养学生的思维创作和观察的能力，能够将所学的知识运用到设计中，在完成一件作品的同时为母校留下一个纪念。

　　具体操作步骤如下：

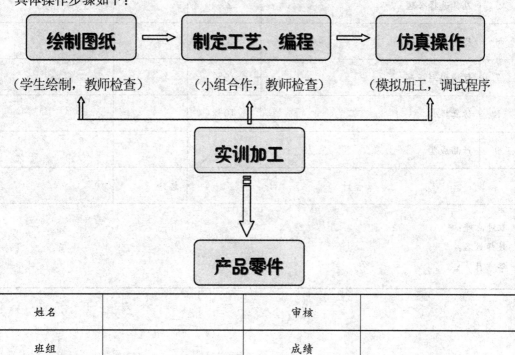

```
绘制图纸  ⇒  制定工艺、编程  ⇒  仿真操作
（学生绘制，教师检查）  （小组合作，教师检查）  （模拟加工，调试程序

          实训加工
             ↓
          产品零件
```

姓名		审核	
班组		成绩	

设计构思	三、刀具选择
一、制定加工工艺	四、编程
二、尺寸计算	五、自我评价

课程设计评价 （100％）

序号	内容	配分	得分	备注
1	设计思路新颖，有创意，有观赏性或实用性	20％		
2	图纸绘制清晰、准确、标准，尺寸标注无误	10％		
3	工艺分析正确	5％		
4	工艺过程合理	5％		
5	刀具选择合理	2％		
6	尺寸计算正确	3％		
7	程序编写正确	10％		
8	仿真操作	10％		
9	产品成型	35％		
	合计		总分	

教师点评：

教师姓名：

年　月　日